普通高等教育"十三五"规划教材·卓越工程师培养系列
本书获深圳大学教材出版资助

电路设计与制作实用教程

（Allegro 版）

董　磊　唐　浒　主　编
彭芷晴　陈　昕　副主编
林超文　主　审

电子工业出版社

Publishing House of Electronics Industry

北京·BEIJING

内 容 简 介

本书以 Cadence 公司的开发软件 Cadence Allegro 16.6 为平台，以本书配套的 STM32 核心板为实践载体，对电路设计与制作的全过程进行讲解。主要包括基于 STM32 核心板的电路设计与制作基础、STM32 核心板介绍、STM32 核心板程序下载与验证、STM32 核心板焊接、Cadence Allegro 软件介绍、STM32 核心板原理图设计及 PCB 设计、创建元器件库、输出生产文件，以及制作电路板等。本书所有知识点均围绕着 STM32 核心板，希望读者通过对本书的学习，能够快速设计并制作出一块属于自己的电路板，同时掌握电路设计与制作过程中涉及的所有基本技能。

本书既可以作为高等院校相关专业的电路设计与制作实践课程教材，也可作为电路设计及相关行业工程技术人员的入门培训用书。

图书在版编目（CIP）数据

电路设计与制作实用教程：Allegro 版/董磊，唐浒主编．—北京：电子工业出版社，2020.1（2024.9 重印）
ISBN 978-7-121-36154-8

Ⅰ．①电…　Ⅱ．①董…②唐…　Ⅲ．①印刷电路-计算机辅助设计-应用软件-高等学校-教材
Ⅳ．①TN410.2

中国版本图书馆 CIP 数据核字（2019）第 048974 号

责任编辑：张小乐
印　　刷：涿州市般润文化传播有限公司
装　　订：涿州市般润文化传播有限公司
出版发行：电子工业出版社
　　　　　北京市海淀区万寿路 173 信箱　邮编　100036
开　　本：787×1 092　1/16　印张：13.5　字数：346 千字
版　　次：2020 年 1 月第 1 版
印　　次：2024 年 9 月第 3 次印刷
定　　价：45.00 元

凡所购买电子工业出版社图书有缺损问题，请向购买书店调换。若书店售缺，请与本社发行部联系，联系及邮购电话：(010) 88254888，88258888。

质量投诉请发邮件至 zlts@phei.com.cn，盗版侵权举报请发邮件至 dbqq@phei.com.cn。

本书咨询服务方式：(010) 88254462，zhxl@phei.com.cn

前　言

电路设计与制作是一项非常系统且复杂的工作，涉及原理图设计、PCB 设计、元器件库制作、PCB 打样、元器件采购、电路板焊接、电路板调试等技能。单个技能比较容易讲清楚，初学者也容易掌握。但是，麻雀虽小五脏俱全，即使要设计和制作一个简单的电路板，也必须掌握所有技能，并且能将这些技能合理有效地贯通始终。

对于初学者而言，设计和制作一块电路板，常用的方法就是查阅电路设计与制作相关的书籍。然而，目前许多电路设计与制作相关的书籍都按照模块的方式来讲解，且每个模块之间缺乏一定的连贯性。例如，原理图绘制部分讲解的是三极管电路，PCB 设计部分讲解的却是七段数码管电路，而生产文件输出部分讲解的又是单片机电路。这些书籍之所以这样安排，或许是希望覆盖所有的知识和技能，然而这样却使得内容只聚焦局部而忽略全局。此外，鲜有书籍会涉及电路板焊接、元器件采购和 PCB 制作等具有较强实践性的环节。

因此，初学者在一边查阅相关书籍一边进行实际电路设计与制作的过程中，常常会出现"按下葫芦起了瓢"的现象。例如，会绘制原理图，却不知道如何将设计好的原理图导入PCB 文件中；好不容易设计好了 PCB，却不知道如何生成光绘文件和坐标文件；生产文件有了，却又不知道发到哪家打样厂进行 PCB 打样；电路板拿到手了，又对元器件采购不熟悉……而且由于书中较少涉及电烙铁操作、元器件焊接、电路板调试、万用表使用等方面的技能，初学者拿到电路板之后，也不知道如何下手。

据统计，全国每年约有 20% 的本科生和专科生会继续读研，约有 10% 的硕士研究生会继续读博，也就是说，绝大多数学生最终都会选择就业。为了提高高等院校的就业率和就业质量，按照企业的标准培养人才不失为一条有效途径。企业除重视实践外，还非常重视规范，但是在往常的学习过程中，诸如库规范、原理图设计规范、PCB 设计规范、生产文件规范等通常都被忽略了。

为了解决上述问题，本书将通过对 STM32 核心板程序下载与验证、元器件采购、STM32 核心板焊接、STM32 核心板原理图设计及 PCB 设计、创建元器件库、输出生产文件以及制作电路板等知识的讲解，让初学者在短时间内对电路设计与制作的整个过程有一个立体的认识，最终能够独立地进行简单电路的设计与制作。同时，在实训过程中，本书还对各种规范进行重点讲解。本书在编写过程中，遵循小而精的理念，只重点讲解 STM32 核心板电路设计与制作过程中使用到的技能和知识点，未涉及的内容尽量省略。

本书主要具有以下特点：

（1）以一块微控制器的核心板作为实践载体。微控制器选取了 STM32F103RCT6 芯片，因为 STM32 系列单片机是目前市面上使用最为广泛的微控制器之一，且该系列的单片机具有功耗低、外设多、基于库开发、配套资料多、开发板种类多等优势。因此，读者最终完成STM32 核心板的设计与制作之后，还可以无缝地将其应用于后续的单片机软件设计中。

（2）用一个 STM32 核心板贯穿整个电路板设计与制作的过程，将所有关键技能有效、合理地串接在一起。这些技能包括元器件采购、STM32 核心板焊接、STM32 核心板原理图设计及 PCB 设计、创建元器件库、输出生产文件、制作电路板等。

（3）细致讲解 STM32 核心板电路设计与制作过程中使用到的技能，未涉及的技能几乎不予讲解。这样，初学者就可以快速掌握电路设计与制作的基本技能，并设计出一块属于自己的 STM32 核心板。

（4）对具有较强实践性的环节，如电路板焊接、元器件采购、PCB 打样、PCB 贴片、工具使用、电路板调试等电路板制作环节进行详细讲解。

（5）将各种规范贯穿于整个电路板设计与制作的过程中，如软件参数设置、工程和文件命名规范、版本规范、各种库（如原理图库、PCB 库、3D 库、集成库）的设计规范、BOM 格式规范、光绘文件输出规范、坐标文件输出规范、物料编号规范等。

（6）配有完整的资料包，包括各种库（如原理图库、PCB 库、3D 库、集成库）的源文件、元器件数据手册、PDF 版本原理图、PPT 讲义、软件、嵌入式工程、视频教程等。下载地址可关注并查看微信公众号"卓越工程师培养系列"。

鱼与熊掌不可兼得，诸如多层板电路设计、自动布局、差分对布线、电路仿真等内容均未出现在本书中。如果需要学习这些技能，建议读者查阅其他书籍或者在网上搜索相关资料。

本书的编写得到了深圳市立创商城杨林杰、张银莹、杨希文的大力支持；深圳大学的黄于钰、陈杰、覃进宇、郭文波、刘宇林、曹康养在校对、视频录制中做了大量的工作；本书的出版得到了电子工业出版社的鼎力支持，张小乐编辑为本书的顺利出版做了大量的工作，在此一并向他们表示衷心的感谢。本书获深圳大学教材出版资助。

由于作者水平有限，书中难免有错误和不足之处，敬请读者不吝赐教。

作　者
2019 年 8 月

目　录

第 1 章　基于 STM32 核心板的电路设计与制作流程

电路设计与制作是每个电子相关专业，如电子信息工程、光电工程、自动化、电子科学与技术、生物医学工程、医疗器械工程等，必须掌握的技能。本章将详细介绍基于 STM32核心板的电路设计与制作流程，让读者先对电路设计与制作的过程有个总体的认识。由于本书在讲解电路设计与制作技能时，既包含电路设计的软件操作部分，又包含电路制作实战环节，因此，为方便读者学习和实践，本书还配套有相关的资料包和开发套件。本章的最后两节将对资料包和开发套件进行简单的介绍。

学习目标：

➢ 了解什么是 STM32 核心板。

➢ 了解 STM32 核心板的设计与制作流程。

➢ 熟悉本书配套资料包的构成。

➢ 熟悉本书配套开发套件的构成。

1.1　什么是 STM32 核心板

本书将以 STM32 核心板为载体对电路设计与制作过程进行详细讲解。那么，到底什么是 STM32 核心板？

STM32 核心板是由通信-下载模块接口电路、电源转换电路、JTAG/SWD 调试接口电路、独立按键电路、OLED 显示屏接口电路、高速外部晶振电路、低速外部晶振电路、LED电路、STM32 微控制器电路、复位电路和外扩引脚电路组成的电路板。

STM32 核心板正面视图如图 1-1 所示，其中 J4 为通信-下载模块接口（XH-6P 母座），J8 为 JTAG/SWD 调试接口（简牛），J7 为 OLED 显示屏接口（单排 7P 母座），J6 为 BOOT0 电平选择接口（默认为不接跳线帽），RST（白头按键）为 STM32 系统复位按键，PWR（红色LED）为电源指示灯，LED1（蓝色 LED）和 LED2（绿色 LED）为信号指示灯，KEY1、KEY2、KEY3 为普通按键（按下为低电平，释放为高电平），J1、J2、J3 为外扩引脚。

STM32 核心板背面视图如图 1-2 所示，背面除直插件的引脚名称丝印外，还印有电路板的名称、版本号、设计日期和信息框。

STM32 核心板要正常工作，还需要搭配一套 JTAG/SWD 仿真-下载器、一套通信-下载模块和一块 OLED 显示屏。仿真-下载器既能下载程序，又能进行断点调试，本书建议使用ST 公司推出的 ST-Link 仿真-下载器。通信-下载模块主要用于计算机与 STM32 之间的串口通信，当然，该模块也可以对 STM32 进行程序下载。OLED 显示屏则用于显示参数。STM32核心板、通信-下载模块、JTAG/SWD 仿真-下载器、OLED 显示屏的连接图如图 1-3 所示。

图 1-1　STM32 核心板正面

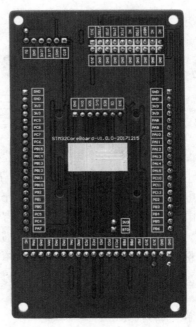

图 1-2　STM32 核心板背面

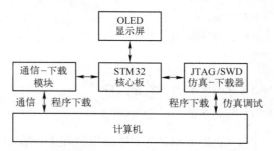

图 1-3　STM32 核心板正常工作时的连接图

 ## 1.2　为什么选择 STM32 核心板

　　作为电路设计与制作的载体，有很多电路板可以选择，本书选择 STM32 核心板作为载体的主要原因有以下几点。

　　（1）核心板包括电源电路、数字电路、下载电路、晶振电路、模拟电路、接口电路、I/O 外扩电路、简单外设电路等基本且必须掌握的电路。这符合本书"小而精"的理念，即电路虽不复杂，但基本上覆盖了各种常用的电路。

　　（2）STM32 系列单片机的片上资源极其丰富，又是基于库开发的，可采用 C 语言进行编程，资料非常多，性价比高，这些优点也使 STM32 系列单片机成为目前市面上最流行的微控制器之一。初学者只需要花费与学习 51 单片机基本相同的时间就能掌握比 51 单片机功能强大数倍甚至数十倍的 STM32 系列单片机。

　　（3）STM32F103RCT6 芯片在 STM32 系列中属于引脚数量少（只有 64 个引脚），但功能较齐全的单片机。因此，尽管引入了单片机，但初学者在学习设计与制作 STM32 核心板的过程中并不会感到难度有所增加。

（4）STM32 核心板可以完成从初级入门实验（如流水灯、按键输入），到中级实验（定时器、串口通信、ADC 采样、DAC 输出），再到复杂实验（OLED 显示、UCOS 操作系统）等至少 20 个实验。这些实验基本能够代表 STM32 单片机开发的各类实验，为初学者后续快速掌握 STM32 单片机编程技术奠定了基础。

（5）由本书作者编写的《STM32F1 开发标准教程》也是基于 STM32 核心板。因此，初学者可以直接使用自己设计和制作的 STM32 核心板，进入到 STM32 微控制器软件设计学习中，既能验证自己的核心板，又能充分利用已有资源。

 # 1.3　电路设计与制作流程

传统的电路板设计与制作流程一般分为 8 个步骤：（1）需求分析；（2）电路仿真；（3）绘制原理图元器库；（4）绘制原理图；（5）绘制元器件封装；（6）设计 PCB；（7）输出生产文件；（8）制作电路板。具体如表 1-1 所示。

表 1-1　传统电路设计与制作流程

步骤	流　　程	具　体　工　作
1	需求分析	按照需求，设计一个电路原理图
2	电路仿真	使用电路仿真软件，对设计好的电路原理图的一部分或全部进行仿真，验证其功能是否正确
3	绘制原理图元器库	绘制电路中使用到的原理图元器库
4	绘制原理图	加载原理图元器库，在 PCB 设计软件中绘制原理图，并进行电气规则检查
5	绘制元器件封装	绘制电路中使用到的元器件的 PCB 封装库
6	设计 PCB	将原理图导入 PCB 设计环境中，对电路板进行布局和布线
7	输出生产文件	输出生产相关的文件，包括 BOM、Gerber 文件、丝印文件及坐标文件
8	制作电路板	按照输出的文件进行电路板打样、贴片或焊接，并对电路板进行验证

这种传统流程主要针对已经熟练掌握电路板设计与制作各项技能的工程师。而对于初学者来说，要完全掌握这些技能，并最终设计制作出一块电路板，不仅需要有超强的耐力坚持到最后一步，更要有严谨的作风，保证每一步都不出错。

在传统流程的基础上，本书做了如下改进：（1）不求全面覆盖，比如对需求分析和电路仿真技能不做讲解；（2）增加了焊接部分，加强实践环节，让初学者对电路理解更加深刻；（3）所有内容的讲解都聚焦于一块 STM32 核心板；（4）每一步的执行都不依赖于其他步骤，比如，第一步就能进行电路板验证，又如，原理图设计过程可以使用现成的集成库而不用自己提前制作。

这样安排的好处是，每一步都能很容易获得成功，这种成就感会激发初学者内在的兴趣，从而由兴趣引导其迈向下一步；聚焦于一块 STM32 核心板，让所有的技能都能学以致用，并最终制作出一块 STM32 核心板。

本书以 STM32 核心板为载体，将电路设计与制作分为 9 个步骤，如表 1-2 所示，下面对各流程进行详细介绍。

表1-2　本书电路设计与制作流程

步骤	流　　程	具 体 工 作	章节
1	STM32 核心板程序下载与验证	向 STM32 核心板下载 HEX 格式的 Demo 程序，验证本书配套的核心板是否能正常工作	第3章
2	准备物料和工具	准备焊接相关的工具，以及 STM32 核心板上使用到的电子元器件	第10章
3	焊接 STM32 核心板	以本书配套的 STM32 核心板空板为目标，使用焊接工具分步焊接电子元器件，边焊接边测试验证	第4章
4	安装 PCB 开发工具	安装并配置 Cadence Allegro 16.6 软件	第5章
5	设计 STM32 核心板原理图	参照本书提供的 PDF 格式的 STM32 核心板电路图，加载本书提供的原理图库，在 Cadence Allegro 16.6 软件中绘制 STM32 核心板原理图	第6章
6	设计 STM32 核心板 PCB	将原理图导入 PCB 设计环境中，对 STM32 核心板电路进行布局和布线	第7章
7	创建 STM32 核心板元器件库	创建并生成 STM32 核心板使用到的电子元器件的焊盘库、原理图库和 PCB 库	第8章
8	输出生产文件	输出生产相关的文件，包括 BOM、Gerber 文件、丝印文件及坐标文件	第9章
9	制作 STM32 核心板	按照输出的文件，进行 STM32 核心板打样和贴片，并对电路板进行验证	第10章

1. STM32 核心板程序下载与验证

这一步要求将开发套件中的 STM32 核心板、通信-下载模块、OLED 显示屏、USB 线、XH-6P 双端线等连接起来，并在计算机上使用 MCUISP 软件，将 HEX 文件下载到 STM32F103RCT6 芯片的 Flash 中，检查 STM32 核心板是否能够正常工作。通过这一流程可快速了解 STM32 核心板的构成及其基本工作方式。

2. 准备物料和工具

根据物料清单（也称 BOM）准备相应的元器件，根据工具清单准备相应的焊接工具，如电烙铁、万用表、焊锡、镊子和松香等①。通过准备物料和工具，可初步认识元器件以及各种焊接工具和材料。

3. 焊接 STM32 核心板

利用开发套件提供的 3 块空电路板，以及第 2 步准备的物料和焊接工具，按照说明将元器件焊接到电路板上，边焊接边调试，可将第 1 步中连通的 STM32 核心板作为参考。通过这一步操作的训练，读者应掌握电路板焊接技能，熟练掌握电烙铁、镊子和万用表的使用。

4. 安装 PCB 开发工具

本书使用 Cadence Allegro 软件作为 PCB 开发工具，版本为 16.6。安装 Cadence Allegro 16.6 软件并进行配置。

5. 设计 STM32 核心板原理图

首先加载原理图库（参见本书配套资料包中的 AllegroLib\SCHLib 文件夹），然后参照 STM32 核心板原理图（参见本书配套资料包中的 PDFSchDoc 文件夹），使用 OrCAD Capture CIS 软件绘制 STM32 核心板的原理图。

6. 设计 STM32 核心板 PCB

首先将 STM32 核心板原理图导入 PCB 设计环境中，然后对 STM32 核心板进行布局和布线。

---

① 这些物料和焊接工具，读者可以自行根据提供的清单采购，也可以通过微信公众号"卓越工程师培养系列"提供的链接进行打包采购。

7. 创建 STM32 核心板元器件库

创建 STM32 核心板元器件库，包括创建焊盘库工程、通过焊盘库制作 PCB 库。

8. 输出生产文件

利用 Cadence Allegro 16.6 软件生成生产文件，包括 BOM、Gerber 文件、丝印文件及坐标文件等。

9. 制作 STM32 核心板

STM32 核心板的制作包括 PCB 打样和贴片，可通过 PCB 加工企业的网站进行网上 PCB 打样下单以及贴片下单。

1.4　本书配套资料包

本书配套资料包名称为"电路设计与制作实用教程（Allegro 版）资料包"（可以通过微信公众号"卓越工程师培养系列"提供的链接进行下载），为了与实践操作一致，建议将资料包复制到计算机的 D 盘，地址为"D:\电路设计与制作实用教程（Allegro 版）资料包"。

资料包由若干个文件夹组成，如表 1-3 所示。

表 1-3　本书配套资料包清单

序号	文件夹名	文件夹介绍
1	AllegroLib	存放了 STM32 核心板所使用到的 3D 库（3DLib）、焊盘库（PADLib）、PCB 库（PCBLib）、原理图库（SCHLib）
2	Datasheet	存放了 STM32 核心板所使用到的元器件的数据手册，便于读者进行查阅
3	PDFSchDoc	存放了 STM32 核心板的 PDF 版本原理图
4	PPT	存放了各章的 PPT 讲义
5	ProjectStepByStep	存放了布线过程中各个关键步骤的 PCB 工程彩色图片
6	Software	存放了本书中使用到的软件，如 Cadence Allegro 16.6、mcuisp、SSCOM，以及驱动软件，如 CH340 驱动软件、ST-Link 驱动软件
7	STM32KeilProject	存放了 STM32 核心板的嵌入式工程，基于 MDK 软件
8	Video	存放了本书配套的视频教程
9	RealTimeFiles	存放了实时更新的资料

1.5　本书配套开发套件

本书配套的 STM32 核心板开发套件（可以通过微信公众号"卓越工程师培养系列"提供的链接获得）由基础包、物料包、工具包组成。其中基础包包括 1 个通信-下载模块、1 块 STM32 核心板、2 条 Mini-USB 线、1 条 XH-6P 双端线、1 个 ST-Link 调试器、1 条 20P 灰排线、3 块 STM32 核心板的 PCB 空板，物料包有 3 套，工具包包括电烙铁、镊子、焊锡、万用表、松香、吸锡带，如表 1-4 所示。

表 1-4　STM32 开发套件物品清单

序号	物 品 名 称	物 品 图 片	数量	单位	备　　注
1	通信-下载模块		1	个	用于单片机程序下载、单片机与计算机之间通信
2	STM32 核心板		1	块	电路设计与制作的最终实物，用于作为设计过程中的参考
3	Mini-USB 线		2	条	一条连接通信-下载模块，一条连接 ST-Link 调试器
4	XH-6P 双端线		1	条	一端连接通信-下载模块，一端连接 STM32 核心板
5	ST-Link 调试器		1	个	用于单片机的程序下载和调试
6	20P 灰排线		1	条	一端连接 ST-Link 调试器，一端连接 STM32 核心板
7	PCB 空板		3	块	用于焊接训练
8	物料包		3	套	用于焊接训练
9	电烙铁		1	套	用于焊接训练
10	镊子		1	个	用于焊接训练
11	焊锡		1	卷	用于焊接训练
12	万用表		1	台	用于进行焊接过程中的各项测试

续表

序号	物品名称	物品图片	数量	单位	备　注
13	松香		1	盒	用于焊接训练
14	吸锡带		1	卷	用于焊接训练

本章任务

　　学习完本章后，要求熟悉 STM32 核心板的电路设计与制作流程，并下载本书配套的资料包、准备好配套的开发套件。

****

本章习题

1. 什么是 STM32 核心板？
2. 简述传统的电路设计与制作流程。
3. 简述本书提出的电路设计与制作流程。
4. 通信–下载模块的作用是什么？
5. JTAG/SWD 仿真–下载器的作用是什么？
6. 焊接电路板的工具都有哪些？简述每种工具的功能。

第 2 章　STM32 核心板介绍

第 1 章介绍了 STM32 核心板的设计与制作流程。本章进一步讲解 STM32 核心板的各个电路模块，并简要介绍可以在 STM32 核心板上开展的实验，从而使得读者完成电路板的设计与制作之后，既能方便地继续学习 STM32 单片机，还可以对 STM32 核心板进行深层次的验证。

学习目标：

➤ 了解什么是 STM32 芯片。

➤ 了解 STM32 核心板的各个电路模块。

2.1　STM32 芯片介绍

在微控制器选型中，工程师常常会陷入这样一个困局：一方面抱怨 8 位/16 位单片机有限的指令和性能，另一方面抱怨 32 位处理器的高成本和高功耗。能否有效地解决这个问题，让工程师不必在性能、成本、功耗等因素中做出取舍和折中？

基于 ARM 公司 2006 年推出的 Cortex-M3 内核，ST 公司于 2007 年推出的 STM32 系列单片机很好地解决了上述问题。因为 Cortex-M3 内核的计算能力是 1.25DMIPS/MHz，而 ARM7TDMI 只有 0.95DMIPS/MHz。而且 STM32 单片机拥有 1μs 的双 12 位 ADC、4Mbit/s 的 UART、18Mbit/s 的 SPI、18MHz 的 I/O 翻转速度，更重要的是，STM32 单片机在 72MHz 工作时功耗只有 36mA（所有外设处于工作状态），而待机时功耗只有 2μA。[①]

由于 STM32 单片机拥有丰富的外设、强大的开发工具、易于上手的固件库，在 32 位微控制器选型中，STM32 单片机已经成为许多工程师的首选。据统计，从 2007 年至 2016 年，STM32 单片机出货量累计 20 亿个，十年间 ST 公司在中国的市场份额从 2% 增长到 14%。iSuppli 的 2016 年下半年市场报告显示，STM32 单片机在中国 Cortex-M 市场的份额占到 45.8%。

尽管 STM32 单片机已经推出十余年，但它依然是市场上 32 位单片机的首选，而且经过十余年的积累，各种开发资料都非常完善，这也降低了初学者的学习难度。因此，本书选用 STM32 单片机作为载体，核心板上的主控芯片就是封装为 LQFP64 的 STM32F103RCT6 芯片，最高主频可达 72MHz。

STM32F103RCT6 芯片拥有的资源包括 48KB SRAM、256KB Flash、1 个 FSMC 接口、1 个 NVIC、1 个 EXTI（支持 19 个外部中断/事件请求）、2 个 DMA（支持 12 个通道）、1 个 RTC、2 个 16 位基本定时器、4 个 16 位通用定时器、2 个 16 位高级定时器、1 个独立看门

---

① 通常 STM32 单片机工作在一定电压（5V）下，可用电流的大小表示其功耗。

狗、1 个窗口看门狗、1 个 24 位 SysTick、2 个 I²C、5 个串口（包括 3 个同步串口和 2 个异步串口）、3 个 SPI、2 个 I²S（与 SPI2 和 SPI3 复用）、1 个 SDIO 接口、1 个 CAN 总线接口、1 个 USB 接口、51 个通用 I/O 接口、3 个 12 位 ADC（可测量 16 个外部和 2 个内部信号源）、2 个 12 位 DAC、1 个内置温度传感器、1 个串行 JTAG 调试接口。

　　STM32 系列单片机可以开发各种产品，如智能小车、无人机、电子体温枪、电子血压计、血糖仪、胎心多普勒、监护仪、呼吸机、智能楼宇控制系统、汽车控制系统等。

2.2　STM32 核心板电路简介

　　本节将详细介绍 STM32 核心板的各电路模块，以便读者更好地理解后续原理图设计和 PCB 设计的内容。

2.2.1　通信-下载模块接口电路

　　工程师编写完程序后，需要通过通信-下载模块将 .hex（或 .bin）文件下载到 STM32 中。通信-下载模块向上与计算机连接，向下与 STM32 核心板连接，通过计算机上的 STM32 下载工具（如 mcuisp 软件），就可以将程序下载到 STM32 中。通信-下载模块除具备程序下载功能外，还担任着"通信员"的角色，即可以通过通信-下载模块实现计算机与 STM32 之间的通信。此外，通信-下载模块还为 STM32 核心板提供 5V 电压。需要注意的是，通信-下载模块既可以输出 5V 电压，也可以输出 3.3V 电压，本书中的实验均要求在 5V 电压环境下实现，因此，**在连接通信-下载模块与 STM32 时，需要将通信-下载模块的电源输出开关拨到 5V 挡位。**

　　STM32 核心板通过一个 XH-6P 的底座连接到通信-下载模块，通信-下载模块再通过 USB 线连接到计算机的 USB 接口，通信-下载模块接口电路如图 2-1 所示。STM32 核心板只要通过通信-下载模块连接到计算机，标识为 PWR 的红色 LED 就会处于点亮状态。R9 电阻起到限流的作用，防止红色 LED 被烧坏。

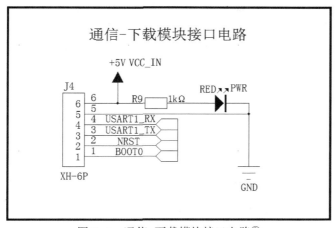

图 2-1　通信-下载模块接口电路①

---

　　① 书中采用的模块电路图截取自附录中的原理图，为了方便读者操作，全书保持一致，其中部分元器件符号与国标有出入，特此说明。

由图 2-1 可以看出，通信-下载模块接口电路总共有 6 个引脚，引脚说明如表 2-1 所示。

表 2-1　通信-下载模块接口电路引脚说明

引脚序号	引脚名称	引脚说明	备　注
1	BOOT0	启动模式选择 BOOT0	STM32 核心板 BOOT1 固定为低电平
2	NRST	STM32 复位	
3	USART1_TX	STM32 的 USART1 发送端	连接通信-下载模块的接收端
4	USART1_RX	STM32 的 USART1 接收端	连接通信-下载模块的发送端
5	GND	接地	
6	VCC_IN	电源输入	5V 供电，为 STM32 核心板提供电源

2.2.2　电源转换电路

图 2-2 所示为 STM32 核心板的电源转换电路，将 5V 输入电压转换为 3.3V 输出电压。通信-下载模块的 5V 电源与 STM32 核心板电路的 5V 电源网络相连接，二极管 VD1（SS210）的功能是防止 STM32 核心板向通信-下载模块反向供电，二极管上会产生约 0.4V 的正向电压差，因此，低压差线性稳压电源 U2（AMS1117-3.3 的）输入端（VIN）的电压并非为 5V，而是 4.6V 左右。经过低压差线性稳压电源的降压，在 U2 的输出端（VOUT）产生 3.3V 的电压。为了调试方便，在电源转换电路上设计了 3 个测试点，分别是 5V、3V3 和 GND。

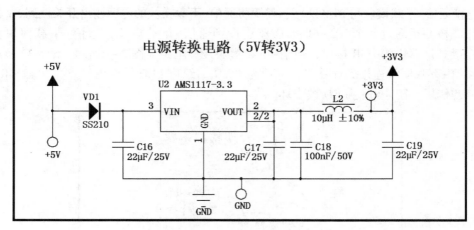

图 2-2　电源转换电路

2.2.3　JTAG/SWD 调试接口电路

除了可以使用上述通信-下载模块下载程序，还可以使用 JLINK 或 ST-Link 进行程序下载。JLINK 和 ST-Link 不仅可以下载程序，还可以对 STM32 微控制器进行在线调试。图 2-3 所示是 STM32 核心板的 JTAG/SWD 调试接口电路，这里采用了标准的 JTAG 接法，这种接法兼容 SWD 接口，因为 SWD 接口只需要 4 根线（SWCLK、SWDIO、VCC 和 GND）。需要注意的是，该接口电路为 JLINK 或 ST-Link 提供 3.3V 的电源，因此，不能通过 JLINK 或 ST-

Link 向 STM32 核心板供电，而是通过 STM32 核心板向 JLINK 或 ST-Link 供电。

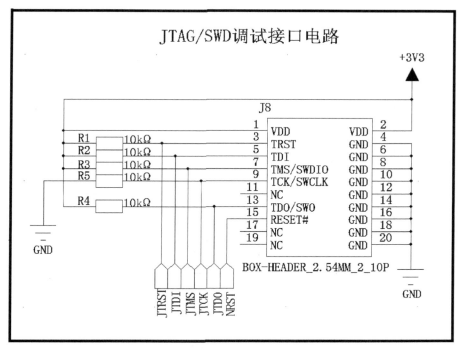

图 2-3　JTAG/SWD 调试接口电路

由于 SWD 只需要 4 根线，因此，在进行产品设计时，建议使用 SWD 接口，摒弃 JTAG 接口，这样就可以节省很多接口。尽管 JLINK 和 ST-Link 都可以下载程序，而且还能进行在线调试，但是无法实现 STM32 微控制器与计算机之间的通信。因此，在设计产品时，除了保留 SWD 接口，还建议保留通信-下载接口。

2.2.4　独立按键电路

STM32 核心板上有 3 个独立按键，分别是 KEY1、KEY2 和 KEY3，其原理图如图 2-4 所示。每个按键都与一个电容并联，且通过一个 10kΩ 电阻连接到 3.3V 电源网络。按键未按下时，输入到 STM32 微控制器的电压为高电平，按键按下时，输入到 STM32 微控制器的电压为低电平。KEY1、KEY2 和 KEY3 分别连接到 STM32F103RCT6 芯片的 PC1、PC2 和 PA0 引脚上。

2.2.5　OLED 显示屏接口电路

本书所使用的 STM32 核心板，除了可以通过通信-下载模块在计算机上显示数据，还可以通过板载 OLED 显示屏接口电路外接一个 OLED 显示屏进行数据显示，图 2-5 所示即为 OLED 显示屏接口电路，该接口电路为 OLED 显示屏提供 3.3V 的电源。

OLED 显示屏接口电路的引脚说明如表 2-2 所示，其中 OLED_DIN（SPI2_MOSI）、OLED_SCK（SPI2_SCK）、OLED_D/C（PC3）、OLED_RES（SPI2_MOSI）和 OLED_CS（SPI2_NSS）分别连接在 STM32F103RCT6 芯片的 PB15、PB13、PC3、PB14 和 PB12 引脚上。

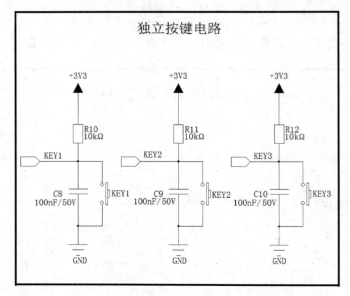

图 2-4　独立按键电路

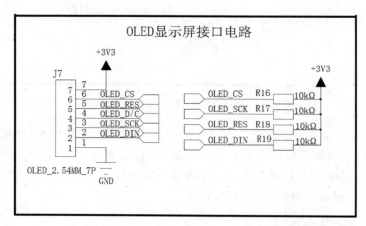

图 2-5　OLED 显示屏接口电路

表 2-2　OLED 显示屏接口电路引脚说明

引脚序号	引脚名称	引脚说明	备注
1	GND	接地	
2	OLED_DIN（SPI2_MOSI）	OLED 串行数据线	
3	OLED_SCK（SPI2_SCK）	OLED 串行时钟线	
4	OLED_D/C（PC3）	OLED 命令/数据标志	0—命令；1—数据
5	OLED_RES（SPI2_MOSI）	OLED 硬复位	
6	OLED_CS（SPI2_NSS）	OLED 片选信号	
7	VCC（3.3V）	电源输出	为 OLED 显示屏提供电源

说明：括号中为对应的单片机引脚名称。

2.2.6 晶振电路

STM32 微控制器具有非常强大的时钟系统，除了内置高精度和低精度的时钟系统，还可以通过外接晶振，为 STM32 微控制器提供高精度和低精度的时钟系统。图 2-6 所示为外接晶振电路，其中 Y1 为 8MHz 晶振，连接时钟系统的 HSE（外部高速时钟），Y2 为 32.768kHz 晶振，连接时钟系统的 LSE（外部低速时钟）。

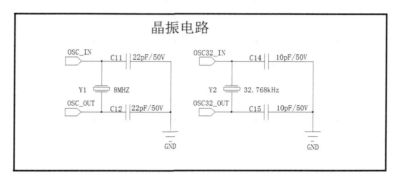

图 2-6 晶振电路

2.2.7 LED 电路

除了标识为 PWR 的电源指示 LED，STM32 核心板上还有两个 LED，如图 2-7 所示。LED1 为蓝色，LED2 为绿色，每个 LED 分别与一个 330Ω 电阻串联后连接到 STM32F103RCT6 芯片的引脚上，在 LED 电路中，电阻起着分压限流的作用。LED1 和 LED2 分别连接到 STM32F103RCT6 芯片的 PC4 和 PC5 引脚上。

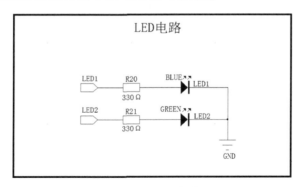

图 2-7 LED 电路

2.2.8 STM32 微控制器电路

图 2-8 所示的 STM32 微控制器电路是 STM32 核心板的核心部分，由 STM32 滤波电路、STM32 微控制器、复位电路、启动模式选择电路组成。

电源网络一般都会有高频噪声和低频噪声，而大电容对低频有较好的滤波效果，小电容对高频有较好的滤波效果。STM32F103RCT6 芯片有 4 组数字电源-地引脚，分别是 VDD_1、VDD_2、VDD_3、VDD_4、VSS_1、VSS_2、VSS_3、VSS_4，还有一组模拟电源-地引脚，即 VDDA、VSSA。C1、C2、C6、C7 这 4 个电容用于滤除数字电源引脚上的高频噪声，C5

用于滤除数字电源引脚上的低频噪声，C4 用于滤除模拟电源引脚上的高频噪声，C3 用于滤除模拟电源引脚上的低频噪声。**为了达到良好的滤波效果，还需要在进行 PCB 布局时，尽可能将这些电容摆放在对应的电源-地回路之间，且布线越短越好。**

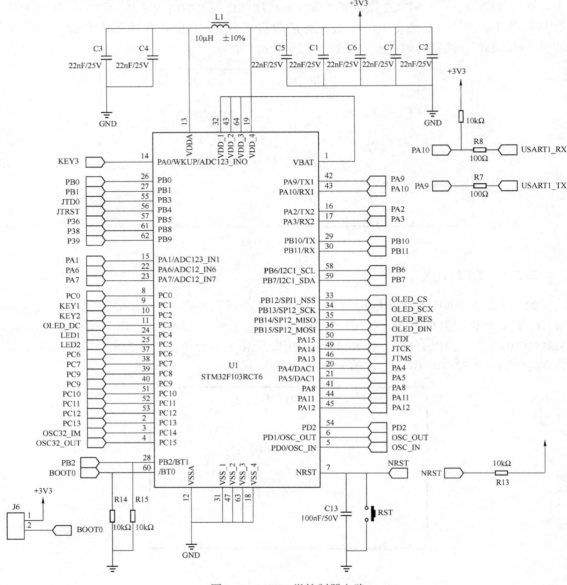

图 2-8　STM32 微控制器电路

　　NRST 引脚通过一个 10kΩ 电阻连接 3.3V 电源网络，因此，用于复位的引脚在默认状态下是高电平，只有当复位按键按下时，NRST 引脚为低电平，STM32F103RCT6 芯片才进行一次系统复位。

　　BOOT0 引脚（60 号引脚）、BOOT1 引脚（28 号引脚）为 STM32F103RCT6 芯片启动模块选择接口，当 BOOT0 为低电平时，系统从内部 Flash 启动。因此，默认情况下，J6 跳线不需要连接。

2.2.9　外扩引脚

STM32 核心板上的 STM32F103RCT6 芯片总共有 51 个通用 I/O 接口，分别是 PA0～15、PB0～15、PC0～15、PD0～2。其中，PC14、PC15 连接外部的 32.768kHz 晶振，PD0、PD1连接外部的 8MHz 晶振，除了这 4 个引脚，STM32 核心板通过 J1、J2、J3 共 3 组排针引出其余 47 个通用 I/O 接口。外扩引脚电路图如图 2-9 所示。

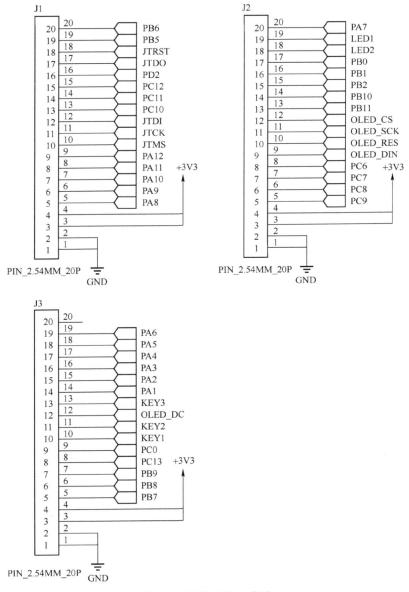

图 2-9　外扩引脚电路图

读者可以通过这 3 组排针，自由扩展外设。此外，J1、J2、J3 这 3 组排针分别还包括 2组 3.3V 电源和接地（GND），这样就可以直接通过 STM32 核心板对外设进行供电，大大降低了系统的复杂度。因此，利用这 3 组排针，可以将 STM32 核心板的功能发挥到极致。

2.3　基于 STM32 核心板可以开展的实验

基于 STM32 核心板可以开展的实验非常丰富，这里仅列出具有代表性的 22 个实验，如表 2-3 所示。

表 2-3　基于 STM32 核心板可开展的部分实验清单

序　号	实验名称	序　号	实验名称
1	流水灯实验	12	OLED 显示实验
2	按键输入实验	13	RTC 实时时钟实验
3	串口实验	14	ADC 实验
4	外部中断实验	15	DAC 实验
5	独立看门狗实验	16	DMA 实验
6	窗口看门狗实验	17	I^2C 实验
7	定时器中断实验	18	SPI 实验
8	PWM 输出实验	19	内部 Flash 实验
9	输入捕获实验	20	操作系统系列实验
10	内部温度检测实验	21	内存管理实验
11	待机唤醒实验	22	调试助手实验

本章任务

完成本章的学习后，应重点掌握 STM32 核心板的电路原理，以及每个模块的功能。

****

本章习题

1. 简述 STM32 与 ST 公司和 ARM 公司的关系。

2. 通信-下载模块接口电路中使用了一个红色 LED（PWR）作为电源指示，请问如何通过万用表检测 LED 的正、负端？

3. 通信-下载模块接口电路中的电阻（R9）有什么作用？该电阻阻值的选取标准是什么？

4. 电源转换电路中的 5V 电源网络能否使用 3.3V 电压？请解释原因。

5. 电源转换电路中，二极管（VD1）上的压差为什么不是一个固定值？这个压差的变化有什么规律？请结合 SS210 的数据手册进行解释。

6. 什么是低压差线性稳压电源？请结合 AMS1117-3.3 的数据手册，简述低压差线性稳压电源的特点。

7. 低压差线性稳压电源的输入端和输出端均有电容（C16、C17、C18），请问这些电容的作用是什么？

8. 电路板上的测试点有什么作用？哪些位置需要添加测试点？请举例说明。

9. 电源电路中的电感（L2）和电容（C19）有什么作用？

10. 独立按键电路中的电容有什么作用？

11. 独立按键电路为什么要通过一个电阻连接 3.3V 电源网络？为什么不直接连接 3.3V 电源网络？

第 3 章　STM32 核心板程序下载与验证

本章介绍 STM32 核心板的程序下载与验证，也就是先将 STM32 核心板连接到计算机上，通过软件向 STM32 核心板下载程序，观察 STM32 核心板的工作状态。传统的电路设计流程是：先进行电路板设计，然后制作，最后才是电路板验证。考虑到本书主要针对初学者，因此，将传统流程颠倒过来，先验证电路板，然后焊接，最后介绍如何设计电路板。这样做的好处是让初学者开门见山，手中先有一个样板，在后续的焊接和电路设计环节就能够进行参考对照，以便能够快速掌握电路设计与制作的各项技能。

学习目标：

➢ 掌握通过通信–下载模块对 STM32 核心板进行程序下载的方法。
➢ 掌握通过 ST–Link 对 STM32 核心板进行程序下载的方法。
➢ 了解 STM32 核心板的工作原理。

3.1　准备工作

在进行 STM32 核心板程序下载与验证之前，先确认 STM32 核心板套件是否完整。STM32 核心板开发套件由基础包、物料包、工具包组成，具体详见 1.5 节。

3.2　将通信–下载模块连接到 STM32 核心板

首先，取出开发套件中的通信–下载模块、STM32 核心板（将 OLED 显示屏插在 STM32 核心板的 J7 母座上）、1 条 Mini–USB 线、1 条 XH–6P 双端线。将 Mini–USB 线的公口（B 型插头）连接到通信–下载模块的 USB 接口，再将 XH–6P 双端线连接到通信–下载模块的白色 XH–6P 底座上。然后将 XH–6P 双端线接在 STM32 核心板的 J4 底座上，如图 3–1 所示。最后将 Mini–USB 线的公口（A 型插头）插在计算机的 USB 接口上。

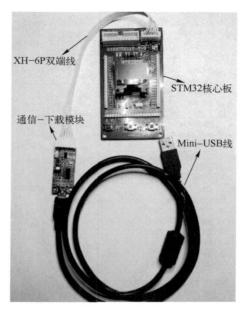

图 3-1　STM32 核心板连接实物图（仅含通信-下载模块）

 ## 3.3　安装 CH340 驱动

接下来，安装通信-下载模块驱动。在本书资料包的 Software 目录下找到"CH340 驱动（USB 串口驱动）_XP_WIN7 共用"文件夹，双击运行 SETUP.EXE，单击"安装"按钮，在弹出的 DriverSetup 对话框中单击"确定"按钮，即安装完成，如图 3-2 所示。

图 3-2　安装通信-下载模块驱动

驱动安装成功后，将通信-下载模块通过 USB 线连接到计算机，然后在计算机的设备管理器里面找到 USB 串口，如图 3-3 所示。注意，串口号不一定是 COM4，每台计算机可能会不同。

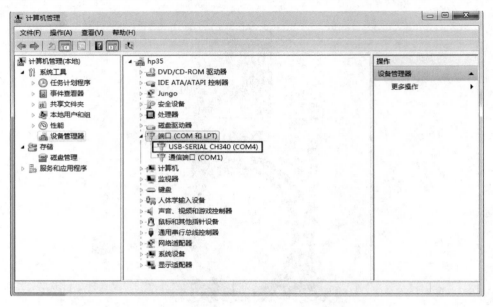

图 3-3　计算机的设备管理器中显示 USB 串口信息

3.4　通过 mcuisp 下载程序

在 Software 目录下找到并双击 mcuisp 软件，在图 3-4 所示的菜单栏中单击"搜索串口（X）"按钮，在弹出的下拉列表中选择"COM4：空闲 USB-SERIAL CH340"（再次提示，不一定是 COM4，每台机器的 COM 编号可能会不同），如果显示"占用"，则尝试重新插拔通信-下载模块，直到显示"空闲"字样。

图 3-4　使用 mcuisp 进行程序下载步骤 1

如图 3-5 所示，首先定位 .hex 文件所在的路径，即在本书配套资料包中的 STM32Keil Project\HexFile 目录下，找到 STM32KeilPrj.hex 文件。然后勾选"编程前重装文件"项，再勾选"校验"项和"编程后执行"项，选择"DTR 的低电平复位，RTS 高电平进 BootLoader"，单击"开始编程（P）"按钮，出现"成功写入选项字节，www.mcuisp.com 向您报告，命令执行完毕，一切正常"表示程序下载成功。

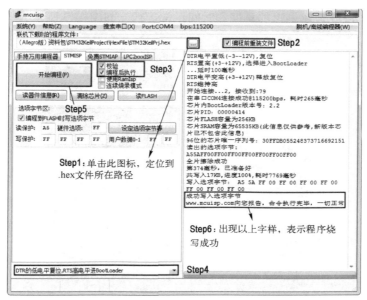

图 3-5　使用 mcuisp 进行程序下载步骤 2

3.5　通过串口助手查看接收数据

在 Software 目录下找到并双击"运行串口助手"软件（sscom42.exe），如图 3-6 所示。选择正确的串口号，与 mcuisp 串口号一致，将波特率改为"115200"，然后单击"打开串口"按钮，取消勾选"HEX 显示"项，当窗口中每隔 1s 弹出"This is a STM32 demo project，by ZhangSan"时，表示成功。注意，实验完成后，先单击"关闭串口"按钮将串口关闭，再关闭 STM32 核心板的电源。

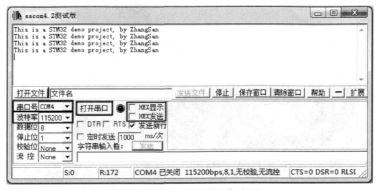

图 3-6　串口助手操作步骤

3.6　查看 STM32 核心板工作状态

此时可以观察到 STM32 核心板上电源指示灯（红色）正常显示，蓝色 LED 和绿色 LED 交替闪烁，而且 OLED 显示屏上的日期和时间正常运行，如图 3-7 所示。

图 3-7　STM32 核心板正常工作状态示意图

 ## 3.7　通过 ST-Link 下载程序

从开发套件中再取出 1 个 ST-Link 调试器、1 条 Mini-USB 线，1 条 20P 灰排线。在前面连接的基础上，将 Mini-USB 线的公口（B 型插头）连接到 ST-Link 调试器；将 20P 灰排线的一端连接到 ST-Link 调试器，将另一端连接到 STM32 核心板的 JTAG/SWD 调试接口（编号为 J8）。最后将两条 Mini-USB 线的公口（A 型插头）均连接到计算机的 USB 接口，如图 3-8 所示。

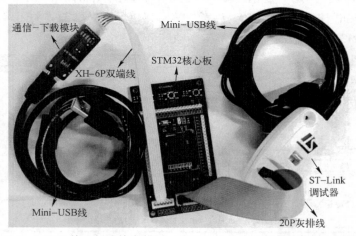

图 3-8　STM32 核心板连接实物图（含 ST-Link 调试器和通信-下载模块）

在 Software 目录下找到并打开"ST-LINK 驱动"文件夹，找到应用程序 dpinst_amd64 和 dpinst_x86。双击 dpinst_amd64 即可安装，如果提示错误，可以先将 dpinst_amd64 卸载，然后双击安装 dpinst_x86（注意，dpinst 仅安装一个即可），如图 3-9 所示。

图 3-9　ST-Link 驱动安装包

ST-Link 驱动安装成功后，可以在设备管理器中看到 STMicroelectronics STLink dongle，如图 3-10 所示。

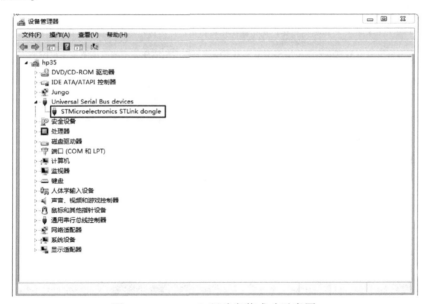

图 3-10　ST-Link 驱动安装成功示意图

打开 Keil μVision5 软件①，如图 3-11 所示，单击 Options for Target 按钮，进入设置界面。

---

① 在此步骤之前，首先确保计算机上已安装 Keil μVision5 软件。这里推荐使用 MDK5.20 版本，安装完成后，还需安装 Keil. STM32F1xx_DFP. 2. 1. 0 软件包。以上软件和软件包及其安装方法可以通过微信公众号"卓越工程师培养系列"下载。打开"D:\《电路设计与制作实用教程(Allegro 版)》资料包\STM32KeilProject\STM32KeilPrj\Project"，双击并运行 STM32KeilPrj. uvprojx。

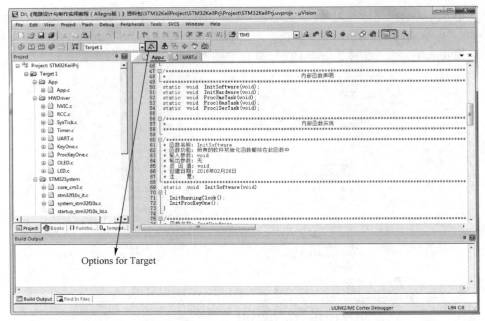

图 3-11　ST-Link 调试模式设置步骤 1

如图 3-12 所示，在弹出的 Options for Target 'Target1' 对话框中的 Debug 标签页中，在 Use 下拉列表中选择 ST-Link Debugger，然后单击 Settings 按钮。

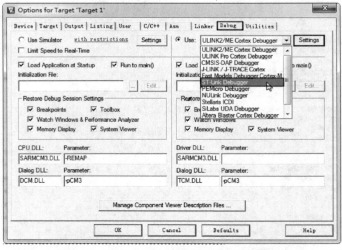

图 3-12　ST-Link 调试模式设置步骤 2

如图 3-13 所示，在弹出的 Cortex-M Target Driver Setup 对话框中的 Debug 标签页中，在 ort 下拉列表中选择 SW，在 Max 下拉列表中选择 1.8MHz，最后单击"确定"按钮。

如图 3-14 所示，在 Options for Target 'Target 1' 对话框中，打开 Utilities 标签页，勾选 Use Debug Driver 和 Update Target before Debugging 项，最后单击 OK 按钮。

ST-Link 调试模式设置完成后，在如图 3-15 所示的界面中，单击 Download 按钮，将程序下载到 STM32 单片机，下载成功后，在 Bulid Output 面板中将出现如图 3-15 所示的字样，表明程序已经通过 ST-Link 调试器成功并下载到 STM32 单片机中。

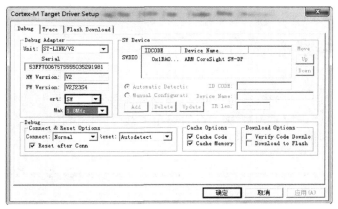

图 3-13　ST-Link 调试模式设置步骤 3

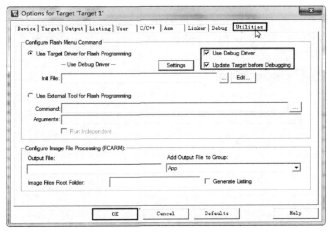

图 3-14　ST-Link 调试模式设置步骤 4

图 3-15　通过 ST-Link 向 STM32 单片机下载程序成功界面

本章任务

完成本章的学习后，应能熟练使用通信-下载模块进行 STM32 核心板的程序下载，能熟练使用 ST-Link 仿真器进行 STM32 核心板的程序下载，并能够用万用表测试 STM32 核心板上的 5V 和 3.3V 两个测试点的电压值。

****

本章习题

1. 什么是串口驱动？为什么要安装串口驱动？

2. 通过查询网络资料，对串口编号进行修改，例如，串口编号默认为 COM1，将其改为 COM4。

3. ST-Link 除了可以下载程序，还有哪些其他功能？

第 4 章　STM32 核心板焊接

第 3 章讲解了 STM32 核心板的程序下载与验证，让读者对 STM32 核心板的工作原理有了初步的认识，本章将介绍 STM32 核心板的焊接。在焊接前，首先要准备好所需要的工具和材料、各种电子元器件和 STM32 核心板空板。本书将焊接的过程分为五个步骤，每个步骤都有严格的要求和焊接完成的验证标准，而且可以与第 3 章验证过的 STM32 核心板进行对比。通过本章的学习和实践，读者将掌握焊接 STM32 核心板的技能，以及万用表的简单操作。

学习目标：

➢ 能够根据焊接工具和材料清单准备焊接 STM32 核心板所需的工具和材料。
➢ 能够根据 BOM 准备 STM32 核心板所需的元器件。
➢ 按照分步焊接和测试的方法，焊接至少一块 STM32 核心板，并验证通过。
➢ 掌握万用表的使用方法，能够进行电压、电流和电阻等的测量。

 4.1　焊接工具和材料

大多数介绍电路设计与制作的书籍，通常都是按照软件介绍与安装、原理图设计、PCB 设计、电路板打样、焊接调试的顺序进行讲解。本书将焊接调试调整到原理图设计和 PCB 设计前，这种安排有几个好处：（1）快速焊接并调试成功一块电路板，可以迅速建立初学者的自信心，自信心演变成兴趣，兴趣又会吸引初学者进入原理图和 PCB 设计环节；（2）电路板实物中的电路比 PCB 设计软件中的电路更加形象、逼真，如电路板尺寸、元器件结构、元器件间距、焊盘大小、焊盘间距、丝印尺寸等，通过实物焊接，初学者对这些概念的理解将更加深刻，从而在学习原理图和 PCB 设计环节就更容易上手；（3）在焊接过程中，通过实训可对各种焊接工具，如电烙铁、焊锡、松香、镊子，有更加深刻的认识。当然，焊接之前先要准备好焊接所需的工具和材料，如表 4-1 所示，下面简要介绍。

表 4-1　焊接工具和材料清单

编号	物品名称	图　片	数量	单位	编号	物品名称	图　片	数量	单位
1	电烙铁		1	套	2	焊锡		1	卷
3	松香		1	盒	4	镊子		1	个

编号	物品名称	图　片	数量	单位	编号	物品名称	图　片	数量	单位
5	万用表		1	台	6	吸锡带		1	卷

1. 电烙铁

电烙铁有很多种，常用的有内热式、外热式、恒温式和吸锡式。为了方便携带，建议使用内热式电烙铁。此外，还需要有烙铁架和海绵，烙铁架用于放置电烙铁，海绵用于擦拭烙铁锡渣，海绵不应太湿或太干，应手挤海绵直至不滴水为宜。

电烙铁常用的烙铁头有四种，分别是刀头、一字形、马蹄形、尖头，如图 4-1 所示。本书建议初学者直接使用刀头，因为 STM32 核心板上的绝大多数元器件都是贴片封装的，刀头适用于焊接多引脚器件以及需要托焊的场合，这对于焊接 STM32 芯片及排针非常适合。刀头在焊接贴片电阻、电容、电感时也非常方便。

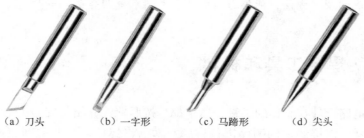

（a）刀头　　　　（b）一字形　　　　（c）马蹄形　　　　（d）尖头

图 4-1　四种常用的烙铁头

（1）电烙铁的使用方法

① 先接上电源，数分钟后待烙铁头的温度升至焊锡熔点时，蘸上助焊剂（松香），然后用烙铁头刃面接触焊锡丝，使烙铁头上均匀地镀上一层锡（亮亮的、薄薄的即可）。这样做，便于焊接并防止烙铁头表面氧化。没有蘸上锡的烙铁头，焊接时不容易上锡。

② 进行普通焊接时，一手拿烙铁，一手拿焊锡丝，靠近根部，两头轻轻一碰，一个焊点就形成了。

③ 焊接时间不宜过长，否则容易烫坏元器件，必要时可用镊子夹住引脚帮助散热。

④ 焊接完成后，一定要断开电源，等电烙铁冷却后再收起来。

（2）电烙铁使用注意事项

① 使用前认真检查烙铁头是否松动。

② 使用时不能用力敲击，烙铁头上焊锡过多时用湿海绵擦拭，不可乱甩，以防烫伤他人。

③ 电烙铁要放在烙铁架上，不能随便乱放。

④ 注意导线不能触碰到烙铁头，避免引发火灾。

⑤ 不要让电烙铁长时间处于待焊状态，因为温度过高也会造成烙铁头"烧死"。

⑥ 使用结束后务必切断电源。

2. 镊子

焊接电路板常用的镊子有直尖头和弯尖头，建议使用直尖头。

3. 焊锡

焊锡是在焊接线路中连接电子元器件的重要工业原材料，是一种熔点较低的焊料。常用的焊锡主要是用锡基合金做的焊料。根据焊锡中间是否含有松香，将焊锡分为实心焊锡和松香芯焊锡。焊接元器件时建议采用松香芯焊锡，因为这种焊锡熔点较低，而且内含松香助焊剂，松香能起到湿润、降温、提高可焊性的作用，使用极为方便。

4. 万用表

万用表一般用于测量电压、电流、电阻和电容，以及检测短路。在焊接 STM32 核心板时，万用表主要用于（1）测量电压；（2）测量某一个回路的电流；（3）检测电路是否短路；（4）测量电阻的阻值；（5）测量电容的容值。

（1）测电压

将黑表笔插入 COM 孔，红表笔插入 VΩ 孔，旋钮旋到合适的电压挡（万用表表盘上的电压值要大于待测电压值，且最接近待测电压值的电压挡位）。然后，将两个表笔的尖头分别连接到待测电压的两端（注意，万用表是并联到待测电压两端的），保持接触稳定，且电路应处于工作状态，电压值即可从万用表显示屏上读取。注意，万用表表盘上的 "V-" 表示直流电压挡，"V~" 表示交流电压挡，表盘上的电压值均为最大量程。由于 STM32 核心板采用直流供电，因此测量电压时，要将旋钮旋到直流电压挡。

（2）测电流

将黑表笔插入 COM 孔，红表笔插入 mA 孔，旋钮旋到合适的电流挡（万用表表盘上的电流值要大于待测电流值，且最接近待测电流值的电流挡位）。然后，将两个表笔的尖头分别连接到待测电流的两端（注意，万用表是串联到待测电流的电路中的），保持接触稳定，且电路应处于工作状态，电流值即可从万用表显示屏上读取。注意，万用表表盘上的 "A-" 表示直流电流挡，"A~" 表示交流电流挡，表盘上的电流值均为最大量程。由于 STM32 核心板上只有直流供电，因此测量电流时，要将旋钮旋到直流电流挡。而且，STM32 核心板上的电流均为毫安（mA）级。

（3）检测短路

将黑表笔插入 COM 孔，红表笔插入 VΩ 孔，旋钮旋到蜂鸣/二极管挡。然后，将两个表笔的尖头分别连接到待测短路电路的两端（注意，万用表是并联到待测短路电路的两端的），保持接触稳定，将电路板的电源断开。如果万用表蜂鸣器鸣叫且指示灯亮，表示所测电路是连通的，否则，所测电路处于断开状态。

（4）测电阻

将黑表笔插入 COM 孔，红表笔插入 VΩ 孔，旋钮旋到合适的电阻挡（万用表表盘上的电阻值要大于待测电阻值，且最接近待测电阻值的电阻挡位）。然后，将两个表笔的尖头分别连接到待测电阻两端（注意，万用表是并联到待测电阻两端的），保持接触稳定，将电路板的电源断开，电阻值即可从万用表显示屏上读取。如果直接测量某一电阻，可将两个表笔的尖头连接到待测电阻的两端直接测量。注意，电路板上某一电阻的阻值一般小于标识阻值，因为电路板上的电阻与其他等效网络并联，并联之后的电阻值小于其中任何一个电阻。

（5）测电容

将黑表笔插入 COM 孔，红表笔插入 VΩ 孔，旋钮旋到合适的电容挡（万用表表盘上的电容值要大于待测电容值，且最接近待测电容值的电容挡位）。然后，将两个表笔的尖头分别连接到待测电容两端（注意，万用表是并联到待测电容两端的），保持接触稳定，电容值即可从万用表显示屏上读取。注意，待测电容应为未焊接到电路板上的电容。

5. 松香

松香在焊接中作为助焊剂，起助焊作用。从理论上讲，助焊剂的熔点比焊料低，其比重、黏度、表面张力都比焊料小，因此在焊接时，助焊剂先融化，很快流浸、覆盖于焊料表面，起到隔绝空气防止金属表面氧化的作用，并能在焊接的高温下与焊锡及被焊金属的表面发生氧化膜反应，使之熔解，还原纯净的金属表面。合适的焊锡有助于焊出满意的焊点形状，并保持焊点的表面光泽。松香是常用的助焊剂，它是中性的，不会腐蚀电路元器件和烙铁头。如果是新印制的电路板，在焊接之前要在铜箔表面涂上一层松香水。如果是已经印制好的电路板，则可直接焊接。松香的具体使用因个人习惯而不同，有的人习惯每焊接完一个元器件，都将烙铁头在松香上浸一下，有的人只有在电烙铁头被氧化，不太方便使用时，才会在上面浸一些松香。松香的使用方法也很简单，打开松香盒，把通电的烙铁头在上面浸一下即可。如果焊接时使用的是实心焊锡，加些松香是必要的，如果使用松香锡焊丝，可不使用松香。

6. 吸锡带

在焊接引脚密集的贴片元器件时，很容易因焊锡过多导致引脚短路，使用吸锡带就可以"吸走"多余的焊锡。吸锡带的使用方法很简单：用剪刀剪下一小段吸锡带，用电烙铁加热使其表面蘸上一些松香，然后用镊子夹住将其放在焊盘上，再用电烙铁压在吸锡带上，当吸锡带变为银白色时即表明焊锡被"吸走"了。注意，吸锡时不可用手碰吸锡带，以免烫伤。

7. 其他工具

常用的焊接工具还包括吸锡枪等，由于 STM32 核心板上主要是贴片元器件，基本用不到吸锡枪，因此这里就不详细介绍，如需了解其他焊接工具和材料，可以查阅相关教材或者网站。

4.2　STM32 核心板元器件清单

STM32 核心板的元器件清单，也称为 BOM，如表 4-2 所示。

表 4-2　STM32 核心板元器件清单

编号	A.元器件编号	B. 元器件名称	元器件号（Reference）	封装 （PCB Footprint）	数量 （Quantity）	备　注
1	C14663	100nF（104）±10%　50V	C1，C2，C4，C6，C7，C8，C9，C10，C13，C18	C0603	10	立创可贴片元器件
2	C45783	22μF（226）±20%　25V	C3，C5，C16，C17，C19	C0805	5	立创可贴片元器件
3	C1653	22pF（220）±5%　50V	C11，C12	C0603	2	立创可贴片元器件
4	C1634	10pF（100）±5%　50V	C14，C15	C0603	2	立创可贴片元器件
5	C14996	SS210	D1	SMA	1	立创可贴片元器件
6		测试点 0.9mm	5V，3V3，GND	TESTPOINT	3	测试点不需要焊接
7		2.54mm 20P 直排针	J1，J2，J3	HDR_1X20	3	立创非可贴片元器件

续表

编号	A.元器件编号	B. 元器件名称	元器件号　（Reference）	封装（PCB Footprint）	数量（Quantity）	备　注
8	C70009	XB-6A，6P，脚距2.54mm，直排针	J4	XH-6P	1	立创非可贴片元器件
9		2.54mm 1 * 2P 直排针	J6	HDR_1X2	1	立创非可贴片元器件，C2337，2.54mm 1 * 40P直排针，后加工
10		OLED 母座 单排2.54mm 7P	J7	HDR_1X7	1	立创非可贴片元器件
11	C3405	简牛 2.54mm 2 * 10P 直排针	J8	DIP_20	1	立创非可贴片元器件
12	C127509	贴片轻触开关-6 * 6mm	KEY1，KEY2，KEY3	SW_6x6x5mm	3	立创非可贴片元器件
13	C84259	蓝灯 贴片 LED（20-55mcd）编带	LED1	LED0805	1	立创可贴片元器件
14	C2297	翠绿	LED2	LED0805	1	立创可贴片元器件
15	C1035	10μH ±10%	L1，L2	L0603	2	立创可贴片元器件
16	C84256	红灯 贴片 LED（80-180mcd）编带	PWR	LED0805	1	立创可贴片元器件
17	C118141	轻触开关 3.6 * 6.1 * 2.5 灰头	RST	SW_3_6x6_1	1	立创非可贴片元器件
18	C22775	10kΩ	R1，R2，R3，R4，R5，R6，R10，R11，R12，R13，R14，R15，R16，R17，R18，R19	R0603	16	立创可贴片元器件
19	C22775	100Ω	R7，R8	R0603	2	立创可贴片元器件
20	C22775	1kΩ	R9	R0603	1	立创可贴片元器件
21	C22775	330Ω	R20，R21	R0603	2	立创可贴片元器件
22	C8323	STM32F103RCT6	U1	LQFP_64	1	立创可贴片元器件
23	C6186	AMS1117-3.3	U2	SOT_223	1	立创可贴片元器件
24	C12674	HC-49SMD_8MHZ_20PF_20PPM	Y1	HC_49SMD_8MHZ	1	立创非可贴片元器件
25	C32346	32_768kHz-±20ppm-12_5pF	Y2	SMD_3215	1	立创非可贴片元器件

　　无论是读者自己焊接，还是由贴片厂焊接，都需要准备元器件（也称物料）。根据表 4-2 中第一列的编号可方便进行物料定位和备料，有了编号，就可以快速找到所需的物料，这种优势在进行复杂电路板备料时更加明显。

　　第二列的元器件编号相当于每个元器件的身份证号码。企业一般都会有自己的元器件编号，由于物料系统比较庞杂，作为初学者，建立自己的物料体系是不现实的。那么，如何能够既不用亲自建立自己的物料库，又能够方便使用规范的物料库呢？推荐直接使用"立创商城"（www.szlcsc.com）的物料体系。因为立创商城上的物料体系比较严谨规范，而且采购非常方便，价格也较实惠，读者可以只花 1 元就能买到 100 个贴片电阻，更重要的是可以基本实现一站式采购。这样既省时，又节约成本，可大大降低初学者学习的门槛和成本。当然，立创商城的元器件也常常会出现下架和缺货的情况，但是，立创商城提供的物料种类非常全，读者可以非常容易地在其网站上找到可替代的元器件。因此，本书直接引用了立创商城提供的元器件编号，这样，读者就可以方便地在立创商城上根据STM32核心板元器件清单上的元器件编号采购所需的元器件。

第三列是元器件名称。电容是以容值、精度、耐压值和封装进行命名的，电阻是以阻值、精度和封装进行命名的，每种元器件都有其严格的命名规范，后续章节将详细介绍。

第四列是元器件号（Reference），元器件号是电路板上的元器件编号，由大写字母+数字构成。字母R代表电阻，字母C代表电容，字母J代表插件，字母D代表二极管，字母U代表芯片。相同型号的元器件被列在同一栏中，以便于备料。

第五列是封装（PCB Footprint），每个元器件都有对应的封装，在备料时一定要确认封装是否正确。

第六列是数量（Quantity），使用PCB工具生成物料清单时，相同型号的物料被归类在一起，用元器件号加以区分，这里的数量就是相同型号的物料的数量。需要强调的是，在备料时，电阻、电容、二极管等小型低价元器件按照电路板实际所需数量的120%准备，其他可以按照100%~110%准备。比如要生产10套电路板，每种型号的电阻按照标准数量的12倍准备；如果某种规格的排针需要30条，可以准备30~33条；如果某种规格的芯片需要10片，可以准备10~11片。

经过若干轮实践证明，绝大多数初学者都能在焊接第三块电路板前，至少调试通一块电路板。当然，也有很多初学者每焊接一块就能调试通一块，焊接后面的两块电路板是为了巩固焊接和调试技能。鉴于此，本书提供3套开发套件，建议读者在备料时也按照3套的数量准备，即按照表格中的数量乘以3进行备料，电阻、电容、二极管等小型低价元器件可以多备一些。

4.3　STM32核心板焊接步骤

准备好空的STM32核心板、焊接工具和材料、元器件后，就可以开始电路板的焊接。

很多初学者在学习焊接时，常常拿到一块电路板就急着把所有的元器件全部焊上去。由于在焊接过程中没有经过任何测试，最终通电后，电路板要么没有任何反应，要么被烧坏，而真正一次性焊接好并验证成功的极少。而且，出了问题，不知道从何处解决。

尽管STM32核心板电路不是很复杂，但是要想一次性焊接成功，还是有一定的难度。本书将STM32核心板焊接分为五个步骤，每个步骤完成后都有严格的验证标准，出了问题可以快速找到问题。即使从未接触过焊接的新手，也能通过这五个步骤迅速掌握焊接的技能。

STM32核心板焊接的五个步骤如表4-3所示，每一步都有要焊接的元器件，同时，每一步焊接完成后，都有严格的验证标准。

表4-3　STM32核心板焊接步骤

步骤	需要焊接的元器件号	验证标准
1	U1	STM32芯片各引脚不能短路，也不能虚焊
2	U2、C16、D1、C17、C18、L2、C19、PWR、R9、R7、R8、J4	5V、3.3V和GND相互之间不短路，上电后电源指示灯（标号为PWR）能正常点亮

续表

步骤	需要焊接的元器件号	验证标准
3	R6、R14、R15、R20、R21、LED1、LED2、Y1、C11、C12、L1、RST、C13、R13	STM32 核心板能够正常下载程序，且下载完程序后，蓝灯和绿灯交替闪烁，串口能通过通信-下载模块向计算机发送数据
4	C1、C2、C3、C4、C5、C6、C7、C14、C15、Y2、R16、R17、R18、R19、J7	OLED 显示屏正常显示字符、日期和时间
5	C8、C9、C10、R10、R11、R12、KEY1、KEY2、KEY3、R1、R2、R3、R4、R5、J8、J6、J1、J2、J3	能够使用 ST-Link 连接 JTAG/SWD 调试接口进行程序下载和调试

4.4　STM32 核心板分步焊接

焊接前首先按照要求准备好焊接工具和材料，包括电烙铁、焊锡、镊子、松香、万用表、吸锡带等，同时也备齐 STM32 核心板的电子元器件。

1. 焊接第一步

焊接的元器件号：U1。焊接第一步完成后的效果图如图 4-2 所示。

焊接说明：拿到空的 STM32 核心板后，首先要使用万用表测试 5V、3.3V 和 GND 三个电源网络相互之间有没有短路。如果短路，直接更换一块新板，并检测无短路，然后参照 4.5.1 节（STM32F103RCT6 芯片焊接方法）将准备好的 STM32F103RCT6 芯片焊接到 U1 所指示的位置。注意，STM32F103RCT6 芯片的 1 号引脚务必与电路板上的 1 号引脚对应，切勿将芯片方向焊错。

验证方法：使用万用表测试 STM32 芯片各相邻引脚之间无短路，芯片引脚与焊盘之间没有虚焊。由于 STM32 芯片的绝大多数引脚都被引到排针上，因此，测试相邻引脚之间是否短路可以通过检测相对应的焊盘之间是否短路进行验证。虚焊可以通过测试芯片引脚与对应的排针上的焊盘是否短路进行验证。这一步非常关键，尽管烦琐，但是绝不能疏忽。如果这一步没有达标，则后续焊接工作将无法开展。

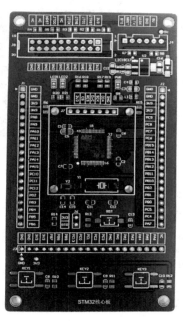

图 4-2　焊接第一步完成后的效果图

2. 焊接第二步

焊接的元器件号：U2、C16、D1、C17、C18、L2、C19、PWR、R9、R7、R8、J4。焊接第二步完成后的效果图如图 4-3（a）所示，上电后的效果图如图 4-3（b）所示。

焊接说明：将上述元器件号对应的元器件依次焊接到电路板上。各元器件焊接方法可以参照 4.5 节的介绍。需要强调的是，每焊接完一个元器件，都用万用表测试是否有短路现象，即测试 5V、3.3V 和 GND 三个网络相互之间是否短路。此外，二极管（D1）和发光二极管（PWR）都是有方向的，切勿将方向焊反，通信–下载模块接口（J4）的缺口应朝外。

验证方法：在上电之前，首先检查 5V、3.3V 和 GND 三个网络相互之间是否短路。确认没有短路，再使用通信–下载模块对 STM32 核心板供电。供电后，使用万用表的电压挡检测 5V 和 3.3V 测试点的电压是否正常。STM32 核心板的电源指示灯（PWR）应为红色点亮状态。

（a）焊接完效果　　　　　　　　　　　　（b）上电后效果

图 4-3　焊接第二步完成后的效果图

3. 焊接第三步

焊接的元器件号：R6、R14、R15、R20、R21、LED1、LED2、Y1、C11、C12、L1、RST、C13、R13。焊接第三步完成后的效果图如图 4-4（a）所示，上电后的效果图如图 4-4（b）所示。

焊接说明：将上述元器件号对应的元器件依次焊接到电路板上。各元器件的焊接方法可以参照 4.5 节的介绍。每焊接完一个元器件，都用万用表测试是否有短路现象，即测试 5V、3.3V 和 GND 三个网络相互之间有没有短路。此外，发光二极管（LED1、LED2）是有方向的，切勿将方向焊反。

验证方法：在上电之前，首先检查 5V、3.3V 和 GND 三个网络相互之间是否短路。确认没有发生短路，再使用通信–下载模块对 STM32 核心板供电。供电后，使用万用表的电压挡检测 5V 和 3.3V 的测试点的电压是否正常，STM32 核心板的电源指示灯（PWR）应为红色点亮状态。然后，使用 mcuisp 软件将 STM32KeilPrj. hex 下载到 STM32 芯片。正常状态是程序下载后，电路板上的蓝灯和绿灯交替闪烁，串口能正常向计算机发送数据。下载程序和查看串口发送数据的方法可以参照 3.4 节的介绍。

（a）焊接后效果　　　　　　　　　　（b）上电后效果

图 4-4　焊接第三步完成后的效果图

4. 焊接第四步

焊接的元器件号：C1、C2、C3、C4、C5、C6、C7、C14、C15、Y2、R16、R17、R18、R19、J7。焊接第四步完成后的效果图如图 4-5（a）所示，上电后的效果图如图 4-5（b）所示。

（a）焊接后效果　　　　　　　　　　（b）上电后效果

图 4-5　焊接第四步完成后的效果图

焊接说明：将上述元器件号对应的元器件依次焊接到电路板上。各元器件的焊接方法可参见 4.5 节。每焊接完一个元器件，都用万用表测试是否有短路现象，即测试 5V、3.3V 和 GND 三个网络相互之间是否短路。

验证方法：在上电之前，首先检查 5V、3.3V 和 GND 三个网络相互之间是否短路。确认没有发生短路，再使用通信-下载模块对 STM32 核心板供电。供电后，使用万用表的电压挡检测 5V 和 3.3V 的测试点的电压是否正常。STM32 核心板的电源指示灯（PWR）应为红色点亮状态，电路板上的蓝灯和绿灯应交替闪烁，串口能正常向计算机发送数据，OLED 能够正常显示日期和时间。

5. 焊接第五步

焊接的元器件号：C8、C9、C10、R10、R11、R12、KEY1、KEY2、KEY3、R1、R2、R3、R4、R5、J8、J6、J1、J2、J3。焊接第五步完成后的效果图如图 4-6（a）所示，上电后的效果图如图 4-6（b）所示。

（a）焊接后效果　　　　　　　　　　（b）上电后效果

图 4-6　焊接第五步完成后的效果图

焊接说明：将上述元器件号对应的元器件依次焊接到电路板上。各元器件的焊接方法可参见 4.5 节。每焊接完一个元器件，都用万用表测试是否有短路现象，即测试 5V、3.3V 和 GND 三个网络相互之间是否短路。注意，JTAG/SWD 调试接口（J8）的缺口朝外，切勿将方向焊反。

验证方法：焊接完第五步后，在上电之前，首先检查 5V、3.3V 和 GND 三个网络相互之间是否短路。确认没有出现短路现象，再使用通信-下载模块对 STM32 核心板供电。供电后，使用万用表的电压挡检测 5V 和 3.3V 的测试点的电压是否正常。STM32 核心板的电源指示灯（PWR）应为红色点亮状态，电路板上的蓝灯和绿灯应交替闪烁，串口能正常向计算机发送数据，OLED 能够正常显示日期和时间。可以将 ST-Link 连接到 JTAG/SWD 调试接口进行程序下载。注意，将 ST-Link 连接到 JTAG/SWD 调试接口进行程序下载的方法可参见 3.7 节。

4.5　元器件焊接方法详解

　　STM32 核心板使用到的元器件有 24 种，读者只需要掌握其中 8 类有代表性的元器件的焊接方法即可，这 8 类元器件的焊接方法几乎覆盖了所有元器件的焊接方法。这 8 类元器件包括 STM32F103RCT6 芯片、贴片电阻（电容）、发光二极管、肖特基二极管、低压差线性稳压电源芯片、晶振、贴片轻触开关、直插元器件。

　　如果按封装来分，24 种元器件还可以分为两类：直插元器件和贴片元器件。STM32 核心板上的绝大多数元器件都是贴片元器件，只有不得已才使用直插元器件。这是因为贴片元器件相对于直插元器件主要具有以下优点：（1）贴片元器件体积小、重量轻，容易保存和邮寄，易于自动化加工；（2）贴片元器件比直插元器件容易焊接和拆卸；（3）贴片元器件的引入大大提高了电路的稳定性和可靠性，对于生产来说也就是提高了产品的良率。因此，STM32 核心板上凡是能使用贴片封装的，通常不会使用直插元器件。同时，也建议读者在后续进行电路设计时尽可能选用贴片元器件。

4.5.1　STM32F103RCT6 芯片焊接方法

　　STM32 核心板上最难焊接的当属封装为 LQFP64 的 STM32F103RCT6 芯片。对于刚刚接触焊接的人来说，引脚密集的芯片会让人感到头痛，尤其是这种 LQFP 封装的芯片，因为这种芯片的相邻引脚间距常常只有 0.5mm 或 0.8mm。实际上，只要掌握了焊接技巧，这种芯片相对于以往的直插元器件（如 DIP40）焊接起来会更加简单、容易。

　　对于焊接贴片元器件来说，元器件的固定非常重要。有两种常用的元器件固定方法，单脚固定法和多脚固定法。像电阻、电容、二极管和轻触开关等引脚数为 2~5 个的元器件常常采用单脚固定法。而多引脚且引脚密集的元器件（如各种芯片）则建议采用多脚固定法。此外，焊接时要注意控制时间，不能太长也不能太短，一般在 1~4s 内完成焊接。时间过长容易损坏元器件，时间太短则焊锡不能充分熔化，造成焊点不光滑、有毛刺、不牢固，也可能出现虚焊现象。

　　焊接 STM32F103RCT6 芯片所采用的就是多脚固定法。下面详细介绍如何焊接 STM32F103RCT6 芯片。

　　（1）往 STM32F103RCT6 芯片封装的所有焊盘上涂一层薄薄的锡，如图 4-7 所示。

图 4-7　往 STM32F103RCT6 芯片引脚上涂上焊锡的效果图

图 4-8　放置 STM32F103RCT6 芯片

（2）将 STM32F103RCT6 芯片放置在 STM32 电路板的 U1 位置，如图 4-8 所示，在放置时务必确保芯片上的圆点与电路板上丝印的圆点同向，而且放置时芯片的引脚要与电路板上的焊盘一一对齐，这两点非常重要。芯片放置好后用镊子或手指轻轻压住以防芯片移动。

（3）用电烙铁的斜刀口轻压一边的引脚，把锡熔掉从而将引脚和焊盘焊在一起，如图 4-9 所示。要注意在焊接第一个边的时候，务必将芯片紧紧压住以防止芯片移动。再以同样的方法焊接其余三边的引脚。

图 4-9　焊接 STM32F103RCT6 的引脚

（4）STM32F103RCT6 芯片焊完之后，还有很重要的一步，就是用万用表检测 64 个引脚之间是否存在短路，以及每个引脚是否与对应的焊盘虚焊。短路主要是由于相邻引脚之间的锡渣把引脚连在一起所导致的。检测短路前，先将万用表旋到短路检测挡，然后将红、黑表笔分别放在 STM32F103RCT6 芯片两个相邻的引脚上，如果万用表发出蜂鸣声，则表明两个引脚短路。虚焊是由于引脚和焊盘没有焊在一起所导致的。将红、黑表笔分别放在引脚和对应的焊盘上，如果蜂鸣器不响，则说明该引脚和焊盘没有焊在一起，即虚焊，需要补锡。

（5）清除多余的焊锡。清除多余的焊锡有两种方法：吸锡带吸锡法和电烙铁吸锡法。①吸锡带吸锡法：在吸锡带上添加适量的助焊剂（松香），然后用镊子夹住吸锡带紧贴焊盘，把干净的电烙铁头放在吸锡带上，待焊锡被吸入吸锡带中时，再将电烙铁头和吸锡带同时撤离焊盘。如果吸锡带粘在了焊盘上，千万不要用力拉扯吸锡带，因为强行拉扯会导致焊盘脱落或将引脚扯歪。正确的处理方法是重新用电烙铁头加热后，再轻拉吸锡带使其顺利脱离焊盘。②电烙铁吸锡法：在需要清除焊锡的焊盘上添加适量的松香，然后用干净的电烙铁把锡渣熔解后将其一点点地吸附到电烙铁上，再用湿润的海绵把电烙铁上的锡渣擦拭干净，重复上述操作直到把多余的焊锡清除干净为止。

4.5.2　贴片电阻（电容）焊接方法

本书中贴片电阻（电容）的焊接采用单脚固定法。下面详细说明如何焊接贴片电阻。

（1）先往贴片电阻的一个焊盘上加适量的锡，如图 4-10 所示。

图 4-10　往贴片电阻的一个焊盘上加锡

（2）使用电烙铁头把（1）中的锡熔掉，用镊子夹住电阻，轻轻将电阻的一个引脚推入熔解的焊锡中，时间约为 3~5s，如图 4-11（a）所示。然后移开电烙铁，此时电阻的一个引脚已经固定好，如图 4-11（b）所示。如果电阻的位置偏了，则把锡熔掉，重新调整位置。

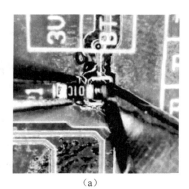

（a）　　　　　　　　　　　　　　　（b）

图 4-11　焊接贴片电阻的一个引脚

（3）如图 4-12（a）所示，用同样的方法焊接电阻的另一个引脚。注意，加锡要快，焊点要饱满、光滑、无毛刺。焊接完第二个引脚后的效果图如图 4-12（b）所示。焊接完成后，测试电阻两个引脚之间是否短路，再测试电阻引脚与焊盘之间是否虚焊。

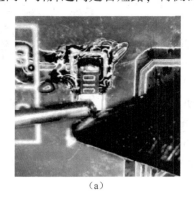

（a）　　　　　　　　　　　　　　　（b）

图 4-12　焊接贴片电阻的另一个引脚

图 4-13　往发光二极管正极
所在焊盘上加锡

4.5.3　发光二极管（LED）焊接方法

与焊接贴片电阻（电容）的方法类似，焊接发光二极管（LED）采用的也是单脚固定法。下面详细介绍如何焊接发光二极管。

（1）发光二极管和电阻（电容）不同，电阻（电容）没有极性，而发光二极管有极性。首先往发光二极管的正极所在的焊盘上加适量的锡，如图 4-13 所示。

（2）使用电烙铁头把（1）中的锡熔掉，用镊子夹住发光二极管，轻轻将发光二极管的正极（绿色的一端为负极，非绿色一端为正极）引脚推入熔解的焊锡中，时间约为 3～5s，然后移开电烙铁，此时发光二极管的正极引脚已经固定好，如图 4-14 所示。需要注意的是，电烙铁头不可碰及贴片 LED 灯珠胶体，以免高温损坏 LED 灯珠。

（3）用同样的方法焊接发光二极管的负极引脚，如图 4-15 所示。焊接完后检查发光二极管的方向是否正确，并测试是否存在短路和虚焊现象。

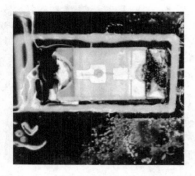

图 4-14　焊接发光二极管的正极引脚　　　图 4-15　焊接发光二极管的负极引脚

4.5.4　肖特基二极管（SS210）焊接方法

焊接肖特基二极管（SS210）仍采用单脚固定法，在焊接时也要注意极性。下面详细介绍如何焊接肖特基二极管（SS210）。

（1）肖特基二极管也有极性。首先往肖特基二极管的负极所在的焊盘上加适量的锡，如图 4-16 所示。

（2）使用电烙铁头把（1）中的锡熔掉，用镊子夹住肖特基二极管，轻轻将负极（有竖向线条的一端为负极）引脚推入熔解的焊锡中，时间约为 3～5s，然后移开电烙铁，此时肖特基二极管的负极引脚已经固定好，如图 4-17 所示。

图 4-16　往肖特基二极管负极
所在焊盘上加锡

（3）用同样的方法焊接正极，如图 4-18 所示。焊接完后检查肖特基二极管的方向是否正确，并测试是否存在短路和虚焊现象。

图 4-17　焊接肖特基二极管的负极引脚　　图 4-18　焊接肖特基二极管的正极引脚

4.5.5　低压差线性稳压芯片（AMS1117）焊接方法

STM32 核心板上的低压差线性稳压芯片（AMS1117）有 4 个引脚，焊接采用的同样是单脚固定法。下面详细介绍焊接低压差线性稳压芯片（AMS1117）的方法。

（1）先往低压差线性稳压芯片（AMS1117）的最大引脚所对应的焊盘上加适量的锡，再用镊子夹住芯片，轻轻将最大引脚推入熔解的焊锡中，时间约为 3~5s，然后移开电烙铁，此时芯片最大的引脚已经固定好，如图 4-19 所示。

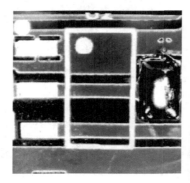

图 4-19　焊接低压差线性稳压芯片的最大引脚

（2）向其余 3 个引脚分别加锡，如图 4-20 所示。焊接完后测试是否存在短路和虚焊现象。

图 4-20　焊接低压差线性稳压芯片的其余引脚

4.5.6　晶振焊接方法

STM32 核心板上有两个晶振，分别是尺寸大一点的 8MHz 晶振（Y1）和尺寸小一点的 32.7568kHz 晶振（Y2），这两个晶振都只有 2 个引脚，焊接时采用单脚固定法。由于两种晶振的焊接方式一样，下面以 8MHz 晶振为例介绍焊接方法。

（1）先往其中一个焊盘上加适量的锡，如图 4-21 所示。这两个晶振都没有正负极之分。

（2）使用电烙铁头把（1）中的锡熔掉，用镊子夹住晶振，轻轻将晶振的一个引脚推入熔解的焊锡中，时间约为 3～5s，然后移开电烙铁，此时晶振的一个引脚已经固定好，如图 4-22 所示。

图 4-21　往焊盘上加锡　　　　　图 4-22　焊接晶振的一个引脚

（3）用同样的方法焊接晶振的另一个引脚，如图 4-23 所示。焊接完后，测试晶振是否存在短路和虚焊现象。

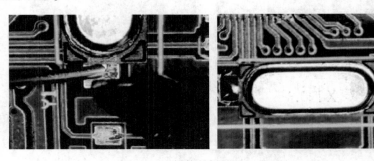

图 4-23　焊接晶振的另一个引脚

4.5.7　贴片轻触开关焊接方法

STM32 核心板的底部有三个轻触开关（KEY1、KEY2、KEY3），这种轻触开关只有 4 个引脚，焊接时采用单脚固定法。下面详细介绍 4 脚贴片轻触开关的焊接方法。

（1）先往其中一个焊盘上加适量的锡，如图 4-24 所示。

（2）如图 4-25（a）所示，使用电烙铁头把（1）中的锡熔解，用镊子夹住轻触开关，轻轻将轻触开关的一个引脚推入熔解的焊锡中，时间约为 3～5s，然后移开电烙铁，此时轻触开关的一个引脚已经固定好，如图 4-25（b）所示。

图 4-24　往轻触开关其中一个引脚所在焊盘上加锡

（a）　　　　　　　　　　　　　　　（b）

图 4-25　焊接轻触开关的一个引脚

（3）继续焊接其余 3 个引脚，如图 4-26 所示。焊接完后测试是否存在短路和虚焊现象。

图 4-26　焊接轻触开关的其余 3 个引脚

4.5.8　直插元器件焊接方法

STM32 核心板上的绝大多数元器件都是贴片封装，但是也有一些元器件，如排针、插座等，属于直插封装。直插封装的焊接步骤如下：按照电路板上的编号，将直插元器件插入对应的位置，有方向和极性的元器件要注意不要插错；直插元器件定位完成后，再将电路板反过来放置，用电烙铁给其中一个焊盘上锡，焊接对应的引脚；重复以上步骤焊接其余引脚。下面介绍如何焊接 2 脚排针。

（1）在 STM32 核心板上找到编号 J6，将 2 脚排针插入对应的位置，注意将短针插入电路板中，如图 4-27 所示。

（2）将电路板反过来放置，用电烙铁给其中一个焊盘加锡，如图 4-28 所示。

图 4-27　将 2 脚排针插入电路板上相应的位置　　　图 4-28　给其中一个焊盘加锡

（3）用同样的方法焊接另一个引脚，如图 4-29 所示。焊接完后测试是否存在短路和虚焊现象。

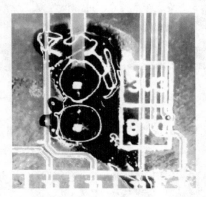

图 4-29　焊接另一个引脚

 本章任务

学习完本章后，应能熟练使用焊接工具，完成至少一块 STM32 核心板的焊接，并验证通过。

 本章习题

1. 焊接电路板的工具都有哪些？简述每种工具的功能。
2. 万用表是进行焊接和调试电路板的常用仪器，简述万用表的功能。

第5章 Cadence Allegro 软件介绍

电路板设计软件主要有 Altium Designer、PADS 和 Cadence Allegro 等，本书使用 Cadence Design Systems 公司的 Allegro 软件进行电路设计与制作。Cadence Design Systems 为美国 NAS-DAQ（CDNC）上市企业，是全球最大的电子设计自动化（EDA）解决方案提供商之一，由 SDA Systems 和 ECAD 两家公司于 1988 年合并而成。其解决方案旨在提升和监控半导体、计算机系统、网络工程和电信设备、消费电子产品及其他各类型电子产品的设计。方案涵盖了电子设计的整个流程，包括系统级设计、功能验证、IC 综合布局布线、模拟/混合信号及射频 IC 设计、全定制集成电路设计、IC 物理验证、PCB 设计和硬件仿真建模等。其中，IC 设计、仿真、验证工具为业界顶尖解决方案，技术优势明显，市场占有率较高；PCB 设计工具 Allegro 为业界高端解决方案，功能十分强大。

学习目标：

➤ 掌握 Cadence Allegro 16.6 软件的安装。
➤ 掌握 Cadence Allegro 16.6 软件的配置。

 ## 5.1　PCB 设计软件介绍

PCB 设计软件，一般都包含原理图设计和 PCB 设计两大部分。PCB 产业发展到目前为止经历了许多变革。从开始的众家厂商在自己擅长的领域发展，到后期不断地修改和完善，或优存劣汰、或收购兼并、或强强联合，如今在国内被人们熟知的 PCB 设计软件厂商主要有 Altium、Cadence 和 Mentor，它们出品的 PCB 设计软件分别是 Altium Designer、Cadence Allegro 和 PADS。

Altium Designer，也就是以前的 Protel，在人性化方面做得较好，上手也比较容易，但是 Altium Designer 对系统配置要求较高，运行时占用太多系统资源，布线时有时不够流畅，对于复杂的高速多层板设计，效率较低。PADS 相对来说是一款中规中矩的软件，界面不如 Altium Designer 美观，但运行时不会占用太多的系统资源。Cadence Allegro 在三款软件中最为严谨，因此上手要花费较多时间，但适合做高端 PCB 设计以及信号完整性分析。

三款软件各有千秋，至于使用哪一款因人而异，建议先选择一款适合自己的使用。毕竟这些软件都是相通的，掌握了其中一款，其他的学起来也不会很难。软件只是工具，最重要的是掌握设计思想。

 ## 5.2　硬件系统配置要求

Cadence 公司推荐的系统配置如下。

（1）操作系统

支持的操作系统包括：Windows XP、Windows 7、Windows 8、Windows10。本书是基于

Windows 7 操作系统进行编写的，基于其他操作系统的操作略有差异。

（2）硬件配置

➢ CPU：主频不低于 2.0GHz；

➢ 内存：不小于 2GB；

➢ 硬盘：不小于 20GB；

➢ 显示器：分辨率不低于 1024×768ppi。

5.3　Cadence Allegro 16.6 软件安装

1. 启动安装程序

首先，在本书配套资料包中的 Software\Cadence SPB 16.6 文件夹中找到并双击 setup.exe，启动安装程序，如图 5-1 所示。

2. 安装 License Manager

（1）启动安装程序后，在弹出的如图 5-2 所示的安装界面中，单击 License Manager 按钮。

名称	修改日期	类型
Software ▸ Candence SPB 16.6 ▸		
AutoPlay	2019/1/17 16:21	文件夹
Disk1	2019/1/17 16:21	文件夹
Disk2	2019/1/17 16:21	文件夹
Disk3	2019/1/17 16:22	文件夹
Disk4	2019/1/17 16:22	文件夹
LibCD	2019/1/17 16:23	文件夹
autorun.inf	2008/8/14 18:25	安装信息
setup.exe	2012/10/9 0:54	应用程序
setup.ini	2009/12/2 16:29	配置设置

图 5-1　启动安装程序　　　　　　　　图 5-2　License Manager 安装步骤 1

（2）进入 License Manager 安装界面后，单击 Next 按钮。

（3）系统弹出如图 5-3 所示的对话框，选择 I accept the terms of the license agreement 项，然后单击 Next 按钮。

图 5-3　License Manager 安装步骤 2

（4）系统弹出如图 5-4 所示的对话框，单击 Change 按钮选择安装路径，这里建议选择安装在 C 盘。然后单击 Next 按钮。

（5）系统弹出如图 5-5 所示的对话框，单击 Next 按钮。

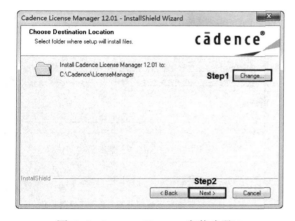

图 5-4　License Manager 安装步骤 3　　　　图 5-5　License Manager 安装步骤 4

（6）系统弹出如图 5-6 所示的对话框，单击 Install 按钮进行安装。

（7）等待一段时间后，弹出如图 5-7 所示的对话框，单击 Cancel 按钮。

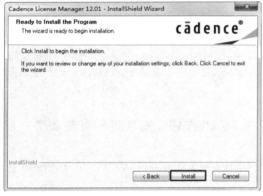

图 5-6　License Manager 安装步骤 5　　　　图 5-7　License Manager 安装步骤 6

（8）最后，单击 Finish 按钮，完成安装。

3. 安装 SPB

（1）安装完 License Manager 后，在安装界面单击 Product Installation 按钮，如图 5-8 所示。

（2）进入 SPB 安装界面后，单击 Next 按钮。

（3）系统弹出如图 5-9 所示的对话框，选择 I accept the terms of the license agreement 项，然后单击 Next 按钮。

（4）系统弹出如图 5-10 所示对话框，选择 Complete 项和 Anyone who uses this computer（all users）项，然后单击 Next 按钮。

（5）系统弹出如图 5-11 所示的对话框，单击 Next 按钮。

图 5-8　SPB 安装步骤 1

图 5-9　SPB 安装步骤 2

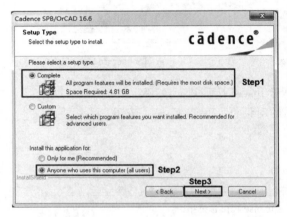

图 5-10　SPB 安装步骤 3

图 5-11　SPB 安装步骤 4

（6）系统弹出如图 5-12 所示的对话框，单击 Install 按钮。安装过程可能需要一段时间。

（7）完成复制和相关的自动配置后，系统弹出如图 5-13 所示的对话框，单击 Finish 按钮，完成 SPB 的安装。

图 5-12　SPB 安装步骤 5

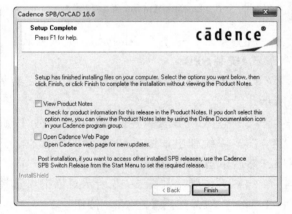

图 5-13　SPB 安装步骤 6

5.4　Cadence Allegro 16.6 软件配置

（1）在计算机"开始"菜单中的 Cadence/License Manager 目录下，单击运行 License Server Configuration Utility 程序，如图 5-14 所示。

（2）系统弹出如图 5-15 所示的对话框，单击 Browse 按钮，选择已经获得许可证的 license. lic 文件，然后单击 Next 按钮。

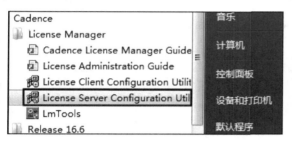

图 5-14　软件配置步骤 1

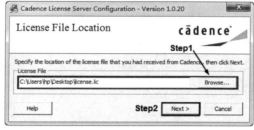

图 5-15　软件配置步骤 2

（3）系统弹出如图 5-16 所示的对话框，将 Host Name（主机名）改成所使用的计算机的主机名（完整的计算机名称，可右键单击"计算机"，在快捷菜单中查看"属性"），然后单击 Next 按钮。

（4）系统弹出如图 5-17 所示的对话框，单击 Finish 按钮。

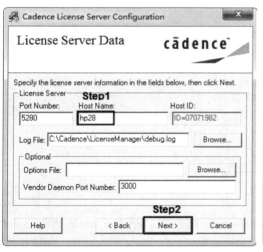

图 5-16　软件配置步骤 3

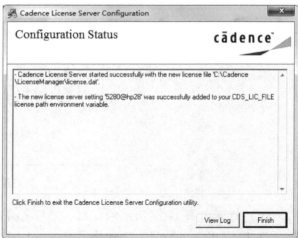

图 5-17　软件配置步骤 4

（5）如图 5-18 所示，在计算机"开始"菜单中的 Cadence/License Manager 目录下，单击运行 License Client Configuration Utility 程序。

（6）系统弹出如图 5-19 所示的对话框，在 License Path 栏中输入"5280@（计算机全名）"，然后单击 Next 按钮。

（7）系统弹出如图 5-20 所示对话框，单击 Finish 按钮。

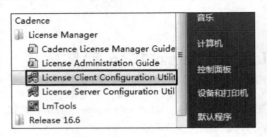

图 5-18　软件配置步骤 5

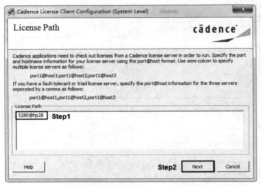

图 5-19　软件配置步骤 6

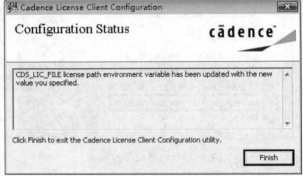

图 5-20　软件配置步骤 7

（8）在计算机"开始"菜单中的 Cadence/License Manager 目录下，单击运行 LmTools 程序，如图 5-21 所示。

图 5-21　软件配置步骤 8

（9）打开如图 5-22 所示的窗口，选择 Config Services 标签页。单击 Path to the license file 项对应的 Browse 按钮，选择路径 C:\Cadence\License Manager\license. dat（如果找不到 license. dat 文件，请在文件类型中下拉选择 DAT 类型）。最后单击 Save Service 按钮保存，至此，软件配置完成。

　　限于篇幅，本章仅简要介绍 Cadence Allegro 16.6 软件的安装及配置，如果读者在安装过程中遇到问题，可以通过微信公众号"卓越工程师培养系列"获取"资料包"→"Cadence Allegro 16.6 版资料"并下载 Software 文件夹，可参见其中的"Cadence Allegro 16.6 软件的安装和配置教程"。

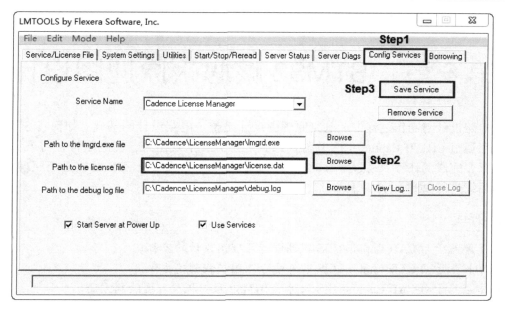

图 5-22　软件配置步骤 9

 本章任务

完成本章学习后，应能够独立完成 Cadence Allegro 16.6 软件的安装和配置。

 本章习题

1. 常用的 PCB 设计软件都有哪些？简述各种 PCB 设计软件的特点。
2. 简述 Cadence Allegro 软件的发展历史和演变过程。

第6章 STM32 核心板原理图设计

在电路设计与制作过程中，电路原理图设计是整个电路设计的基础。如何将 STM32 核心板电路通过 OrCAD Capture CIS 软件用工程表达方式呈现出来，使电路符合需求和规则，就是本章要完成的任务。通过本章的学习，读者将能够完成整个 STM32 核心板原理图的绘制，为后续进行 PCB 设计打下基础。

学习目标：

➤ 了解基于 OrCAD Capture CIS 软件进行原理图设计的流程。
➤ 掌握基于 OrCAD Capture CIS 软件的原理图工程创建方法。
➤ 掌握基于 OrCAD Capture CIS 软件的 STM32 核心板原理图绘制方法。

 ## 6.1 原理图设计流程

STM32 核心板的原理图设计流程如图 6-1 所示，具体如下：（1）打开 OrCAD Capture CIS 软件，创建一个 STM32 核心板的原理图工程；（2）在 OrCAD Capture CIS 软件中，对必要的原理图设计规范进行设置；（3）加载本书提供的 STM32 核心板原理图库；（4）在原理图视图中，放置元器件；（5）连线；（6）对整个原理图进行编译。在放置元器件和连线部分，本书仅以"JTAG/SWD 调试接口电路"为例进行讲解，其余模块可参照本书配套资料包中的 PDF-SchDoc 目录下的 STM32CoreBoard.pdf 文件，或者参见附录（STM32 核心板 PDF 版本原理图）。

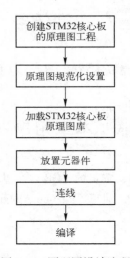

图 6-1 原理图设计流程

 ## 6.2 创建原理图工程

用 OrCAD Capture CIS 软件创建原理图工程的方法如下。

（1）打开 OrCAD Capture CIS 软件，如图 6-2 所示。

初次打开 OrCAD Capture CIS 软件，系统会弹出 Cadence Product Choices 对话框，对话框中有很多程序组件。选择 OrCAD Capture CIS 组件（OrCAD Capture 和 OrCAD Capture CIS 相比，少了数据库调用和管理方面的功能），并且勾选 Use as default 项，再次打开该软件时就不需要重复选择组件了，默认打开的都是 OrCAD Capture CIS，如图 6-3 所示。

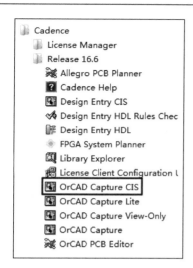

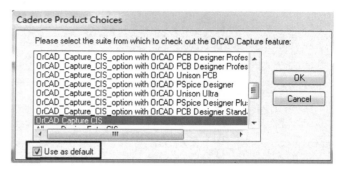

图 6-2　启动 OrCAD Capture CIS　　　　　　　图 6-3　选择程序组件

（2）执行菜单命令 File→New→Project，如图 6-4 所示，新建一个工程。

在弹出的如图 6-5 所示的 New Project 对话框中，需要选择工程类型、输入工程名称和工程保存路径。工程类型选择 Schematic，工程名一栏输入 STM32CoreBoard，路径一栏输入 D：\STM32CoreBoard－V1.0.0－20171215，最后单击 OK 按钮。STM32CoreBoard－V1.0.0－20171215 是文件夹的完整名称，该名称表示原理图的工程名为 STM32CoreBoard，版本为 V1.0.0，创建或修改日期为 2017 年 12 月 15 日，该工程位于 D 盘中。注意，工程文件夹的保存路径可以自由选择，但是完整的工程文件夹和工程一定要严格按照规范进行命名，养成良好的规范习惯。

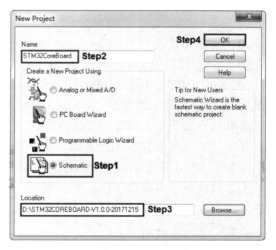

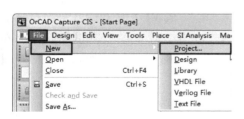

图 6-4　创建原理图工程　　　　　　　　　图 6-5　New Project 对话框

此时，在 OrCAD Capture CIS 软件的 File 标签页中出现新建的工程文件，如图 6-6 所示，stm32coreboard.dsn 是数据库文件，其中包括 SCHEMATIC1 和 Design Cache 两个文件夹。SCHEMATIC1 文件夹中存放原理图。当在原理图上放置元器件后，Design Cache 文件夹中有该元器件的名字、保存路径等信息，这是数据库中的元器件缓存。工程建立之后，默认情况下已经在 SCHEMATIC1 文件夹中新建了一个原理图 PAGE1。

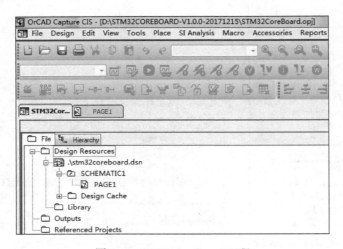

图 6-6　STM32CoreBoard 工程

下面简要介绍工程文件夹和工程的命名规范。三种常用的命名方式是骆驼命名法（Camel-Case）、帕斯卡命名法（Pascal-Case）和匈牙利命名法（Hungarian）。本书只使用帕斯卡命名法。帕斯卡命名法的规则是每个单词的首字母大写，其余字母小写，如 Display-Info、PrintStuName。

例如，在本书中，PCB 工程命名为 "STM32CoreBoard" 就是帕斯卡命名法，表示 STM32 Core Board，即 STM32 核心板。但是由于 PCB 工程往往都是迭代的，绝大多数 PCB 工程的完成都要经历若干天、若干版本，最终才能获得稳定版本，因此，本书建议工程文件夹的命名格式为 "工程名+版本号+日期+字母版本号（可选）"，如文件夹 STM32Core Board -V1.0.0-20171215 表示工程名为 STM32CoreBoard，修改日期为 2017 年 12 月 15 日，版本为 V1.0.0；又如文件夹 STM32CoreBoard-V1.0.0-20171215B 表示 2017 年 12 月 15 日修改了三次，第一次修改后的名为 STM32CoreBoard-V1.0.0-20171215，第二次为 STM32Core Board-V1.0.0-20171215A；再如文件夹 STM32CoreBoard-V1.0.2-20171215C 表示已打样三次，第一次为 V1.0.0，第二次为 V1.0.1，第三次为 V1.0.2。

简单总结如下：工程文件夹的命名由工程名、版本号、日期和字母版本号（可选）组成。其中 "工程名" 按照帕斯卡命名法进行命名。"版本号" 从 V1.0.0 开始，每次打样后版本号加 1。PCB 稳定后的发布版本只保留前两位，如 V1.0.2 版本经过测试稳定了，在 PCB 发布时将版本号改为 V1.0。"日期" 为 PCB 工程修改或完成的日期，如果一天内经过了若干次修改，则通过 "字母版本号（可选）" 进行区分。

新建原理图的方法如下。

（1）如图 6-7 所示，右键单击 SCHEMATIC1，在右键快捷菜单中选择 New Page 命令。

在弹出的对话框中需要对新建的原理图（页）进行命名，如图 6-8 所示，可以以某个功能模块名称来命名，方便工程人员识别该页原理图有哪些电路模块或者某一类电路模块。例如，命名为 Power，表示该页原理图为电源模块。默认的原理图名称为 PAGE2。

（2）删除多余的原理图。因为 STM32 核心板并不是很复杂，一页原理图足以绘制核心板的所有功能模块，所以可以将多余的原理图删除。如图 6-9 所示，右键单击待删除的原理图 PAGE2，在右键快捷菜单中选择 Cut 命令，即可将原理图 PAGE2 删除。

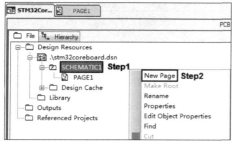

图 6-7　新建原理图步骤 1

图 6-8　新建原理图步骤 2

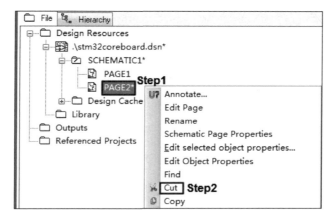

图 6-9　删除原理图

（3）对原理图 PAGE1 进行重命名。为了保持命名一致性，即无论是工程名还是原理图、PCB 文件名，都统一命名为 STM32CoreBoard。如图 6-10 所示，右键单击原理图 PAGE1，在右键快捷菜单中选择 Rename 命令。如图 6-11 所示，在弹出的 Rename Page 对话框中，输入名称 STM32CoreBoard。

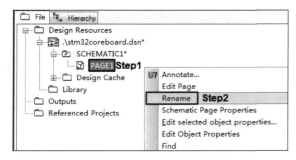

图 6-10　重命名原理图步骤 1

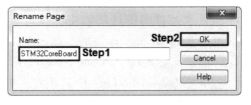

图 6-11　重命名原理图步骤 2

如图 6-12 所示为 OrCAD Capture CIS 原理图设计环境。

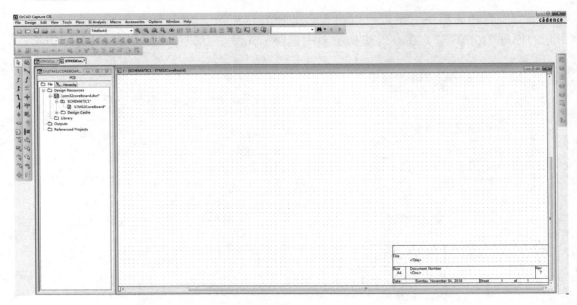

图 6-12　原理图设计环境

6.3　原理图设计规范

在绘制原理图之前，需要先进行规范化设置。依次设置：（1）栅格；（2）纸张大小。

6.3.1　栅格

栅格的作用是，在画图时，让元器件、导线排列整齐。合理地设置栅格，可以使原理图更加合理、美观；此外同一个项目组的不同成员采用统一的栅格设置，便于项目同步管理。下面介绍栅格的设置方法。

在 OrCAD Capture CIS 中，栅格有两种，一种是点状栅格，一种是线状栅格。在原理图设计环境中，可以按如下操作控制栅格的显示与形状。

（1）在原理图设计环境中，执行菜单命令 Options→Preferences，打开 Preferences 对话框，单击 Grid Display 标签页。如图 6-13 所示，左侧的 Schematic Page Grid 组合框控制原理图设计窗口，右侧的 Part and Symbol Grid 组合框控制元器件封装设计窗口。

（2）在 Schematic Page Grid 组合框中选择 Lines（线状）选项，栅格如图 6-14 所示；选择 Dots（点状）选项，栅格如图 6-15 所示。在本书中使用点状栅格。

（3）在 Schematic Page Grid 组合框中，勾选 Pointer snap to grid 项，作用是在原理图设计时，光标是以栅格大小为步进距离移动的，使用此功能便于元器件间的连线。

锁定栅格还可以通过工具栏中的 ▦ 按钮来控制。单击此按钮，如果显示为灰色，则表明当前的原理图设计窗口是锁定栅格的；如果显示为红色，则表明当前的原理图设计窗口是不锁定栅格的。

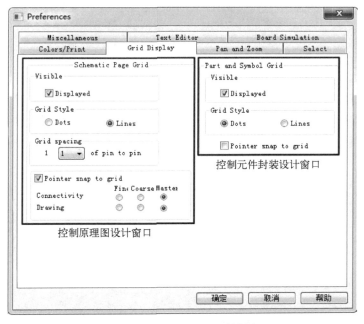

图 6-13　Preferences 对话框

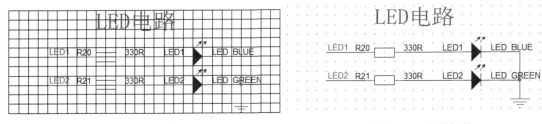

图 6-14　线状栅格　　　　　　　图 6-15　点状栅格

　　在不锁定栅格的情况下绘制的原理图，元器件和导线有可能没有位于栅格上，也就不能确保导线与元器件的引脚连在一起，所以建议读者在绘制电路原理图时一定要锁定栅格。

　　（4）在 Schematic Page Grid 组合框中的 Grid spacing 栏中可以设置栅格的大小，在下拉列表中选择不同的数值可以设置栅格大小，数值越大，栅格越小。附录中的原理图栅格大小为 1。

6.3.2　纸张大小

　　由于 STM32 核心板的原理图相对较为简单，A4 大小纸即可列出所有元器件。执行菜单命令 Options→DesignTemplate，打开 Design Template 对话框，单击 Page Size 标签页，选择 A4，如图 6-16 所示，最后单击"确定"按钮。

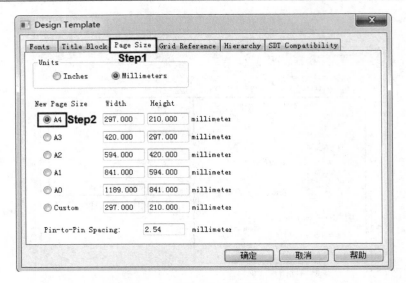

图 6-16　设置原理图纸张大小

6.4　加载元器件库

OrCAD Capture CIS 软件作为专业的原理图设计工具，常用的电子元器件符号都可以在其元器件库中找到，但是，由于 OrCAD Capture CIS 对元器件库进行了严格的分类，读者在绘制原理图时，需要从各种元器件库中查找元器件。即使对于简单的 STM32 核心板而言，要把所有使用到的元器件找齐，也需要花费较大的精力。为了降低学习电路设计的难度，减少入门所需的时间，本书专门设计了 STM32 核心板所使用的所有电子元器件的各种库。读者可以在本书配套资料包中的 AllegroLib 目录下找到原理图库（SCHLib）、PCB 库（PCBLib）、3D 库（3DLib）和焊盘库（PADLib）。注意，元器件库的保存路径或工程保存路径中不能有中文，否则在导出网络表时有可能报告路径的错误，所以要先把本书配套资料包中的库文件复制到纯英文路径中保存，再进行加载。

6.4.1　加载元器件库的步骤

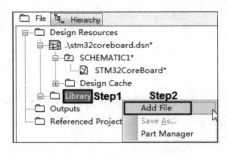

图 6-17　加载元器件库步骤 1

OrCAD Capture CIS 加载元器件库的步骤比较简单，下面来介绍具体的操作方法。

（1）右键单击 Library 目录，在右键快捷菜单中选择 Add File 命令，如图 6-17 所示。

（2）在弹出的窗口中找到原理图库所在的路径，将其打开，如图 6-18 所示。

上述步骤完成后，元器件库就可以顺利地加载进来了，如图 6-19 所示。

图 6-18　加载元器件库步骤 2

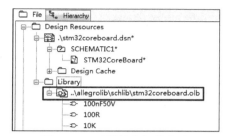

图 6-19　元器件库加载完成

6.4.2　设置 Title Block

每张规范的原理图都应该有 Title Block，Title Block 一般包括原理图文件名、版本号、纸张大小、页码、总页码数、作者和日期等信息。为了统一，本书使用了自定义的标题栏。

OrCAD Capture CIS 自带的 Title Block 保存在 Cadence 安装路径下，如 C:\Cadence\SPB_16.6\tools\capture\library\capsym.olb。这里 capsym.olb 就是包含 Title Block 的库文件，里面除了 Title Block，还有电源、接地符号、off page 符号等。如果要使用 OrCAD Capture CIS 自带的 Title Block，需要先将 capsym.olb 库加载进来。右键单击 Library 目录，然后在右键快捷键菜单中选择 Add File 命令，如图 6-20 所示。

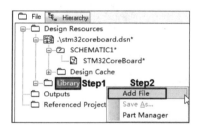

图 6-20　加载 capsym.olb 库步骤 1

在弹出的对话框中选择 capsym.olb，路径为 C:\Cadence\SPB_16.6\tools\capture\library\capsym.olb，如图 6-21 所示。

图 6-21　加载 capsym.olb 库步骤 2

capsym. olb 库文件加载完成后如图 6-22 所示。先将所需的 Title Block （如 TitleBlock0）复制到自己的元器件库中，操作如下。

（1）单击选中待复制的 TitleBlock0，按快捷键 Ctrl+C 复制，如图 6-23 所示。

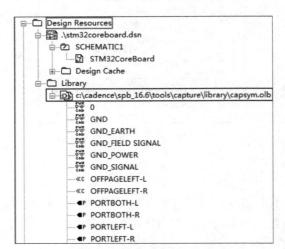

图 6-22　capsym. olb 库加载完成　　　　　图 6-23　将 TitleBlock0 复制到自己库中步骤 1

（2）右键单击 STM32CoreBoard. olb 文件，在右键快捷菜单中选择 Paste 命令，如图 6-24 所示。或者单击 STM32CoreBoard. olb 文件，再按快捷键 Ctrl+V 粘贴。

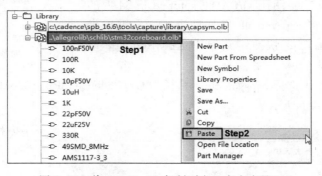

图 6-24　将 TitleBlock0 复制到自己库中步骤 2

将 TitleBlock0 复制到自己的库中后，可以对 TitleBlock0 进行重命名，操作如下：在 STM32CoreBoard. olb 下拉列表中找到 TitleBlock0，右键单击 TitleBlock0，在右键快捷菜单中选择 Rename 命令，如图 6-25 所示。在 Rename Title Block 对话框中输入新名称，如 MYTitleBlock，如图 6-26 所示。

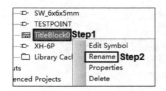
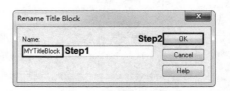

图 6-25　重命名 TitleBlock0 步骤 1　　　　　图 6-26　重命名 TitleBlock0 步骤 2

双击打开 MYTitleBlock，如图 6-27 所示，就可以开始编辑修改了。下面详细介绍 Title Block 的编辑方法。

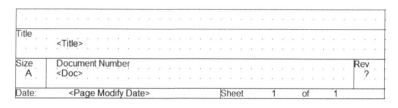

图 6-27 编辑前的 Title Block

Title Block 外形可以根据需求来绘制，文字信息也可以根据需求在此基础上添加或者删除。

（1）添加 Title Block 属性。

Title Block 的黑色字体的文本为属性值，一般情况下，Page Number 和 Page Count 属性值是必须有的，如果 Title Block 没有可以自己添加。下面以添加 Page Number 属性值为例说明。

① 在文档空白处双击，打开 User Properties 对话框。

② 查看是否有 Page Number 属性值，如果没有，则单击 New 按钮，打开 New Property 对话框，在 Name 和 Value 的文本框中分别按照如图 6-28 所示填写。

③ 单击 OK 按钮完成添加。

同样，要删除某个 Title Block 属性，在 User Properties 对话框中选择待删除的属性，然后单击 Remove 按钮即可。

用以上方法编辑完成后的 Title Block 如图 6-29 所示。

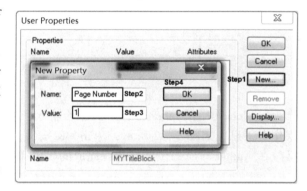

图 6-28 添加 Title Block 属性

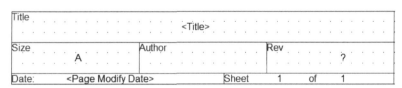

图 6-29 编辑完成后的 Title Block

（2）填写 Title Block 信息。

① 执行菜单命令 Options→Design Template，打开 Design Template 对话框，选择 Title Block 标签页。

② 在 Title 文本框中输入项目名称 STM32CoreBoard，在 Revision 文本框中输入版本号 V1.0.0。

③ 在 Library Name 和 Title Block 文本框中分别选择 Title Block 所在的库文件路径并填写 Title Block 文件名，如图 6-30 所示。

Title Block 信息填写完之后，在原理图的右下角可以看到已经自定义好的 Title Block，如图 6-31 所示。

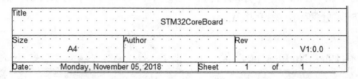

图 6-30　填写 Title Block 信息

图 6-31　自定义完成的 Title Block

　　Title Block 中的 Author 信息需要手动输入，按快捷键 T，在弹出的 Place Text 对话框中输入作者信息，如图 6-32 所示，单击 OK 按钮。然后，按 Esc 键退出命令。填写完成之后将其放在 Author 对应的位置，最终完成的 Title Block 如图 6-33 所示。

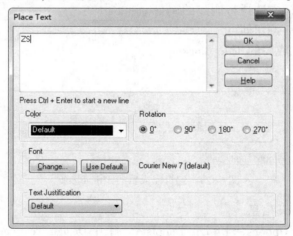

图 6-32　输入作者信息

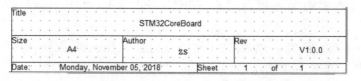

图 6-33　最终完成的 Title Block

6.5　快捷键介绍

合理地利用快捷键能大大提高设计效率，OrCAD Capture CIS 常用快捷键如表 6-1 所示。

表 6-1　常用快捷键及其说明

应 用 环 境	快　捷　键	快捷键说明
原理图页面编辑	鼠标滚轮	上下移动画面
原理图页面编辑	Shift+鼠标滚轮	左右移动画面
原理图页面编辑	Ctrl+鼠标滚轮	缩放画面
原理图页面编辑	B	放置总线 BUS
原理图页面编辑	E	放置总线 BUS 的分支 Entry
原理图页面编辑	F	放置电源符号
原理图页面编辑	G	放置 GND 符号
原理图页面编辑	J	放置连接点
原理图页面编辑	N	放置网络别名
原理图页面编辑	P	放置元器件
原理图页面编辑	T	放置文本 Text
原理图页面编辑	W	放置电气连线
原理图页面编辑	Y	放置图形连线
原理图页面编辑	X	放置无连接符号
元器件库编辑	CTRL+B	跳转至前一个 part
元器件库编辑	CTRL+N	跳转至后一个 part
原理图页面及元器件库编辑	CTRL+E	编辑属性
原理图页面及元器件库编辑	CTRL+F	查找
原理图页面及元器件库编辑	CTRL+T	吸附格点设置
原理图页面及元器件库编辑	CTRL+Y	重做（恢复）
原理图页面及元器件库编辑	CTRL+Z	撤销
原理图页面及元器件库编辑	F4	重复操作
原理图页面及元器件库编辑	C	以鼠标指针为中心
原理图页面及元器件库编辑	H	水平镜像
原理图页面及元器件库编辑	I	放大
原理图页面及元器件库编辑	O	缩小
原理图页面及元器件库编辑	R	旋转
原理图页面及元器件库编辑	V	垂直镜像
原理图页面及元器件库编辑	E	结束连线、BUS、图形连线

6.6　放置和删除元器件

如何放置元器件？这里以 STM32 核心板上使用到的 SS210 二极管为例进行讲解。首先，在原理图设计环境中，执行菜单命令 Place→Part，或按快捷键 P，打开 Place Part 对话框，如图 6-34 所示。其中，Part 栏是元器件索引栏，读者可以在其中输入所要放置的元器件，如输入 SS210，如图 6-35 所示。有时元器件库中的元器件很多，没有必要记住每一个元器件的名称。为了快速定位元器件，可以输入所要放置的元器件名称的一部分，如输入 SS2 *，然后按回车键，这样只有名称中包含输入内容的元器件才会出现在 Part List 中。在索引栏中输入 *，再按回车键即可退出筛选模式。

然后，在 Part List 列表框中双击所选元器件，元器件将显示在光标旁，在原理图合适的位置单击放置该元器件，完成后按 Esc 键即可退出放置元器件命令。此时，该元器件的默认编号为 D1，如果继续放置该元器件，则编号会自动累加为 D2。例如，放置电阻和电容，首个电阻元件的默认编号为 R1，首个电容元件的默认编号为 C1。

为与后续内容保持一致，便于学习和操作，建议读者按照本书提供的 PDF 版本原理图进行元器件编号，这样在后面进行 PCB 布局时，可一一对应地进行操作。

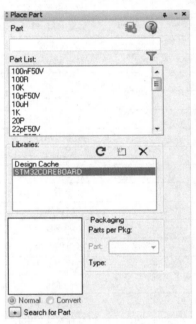

图 6-34　Place Part 对话框

图 6-35　快速定位元器件

修改元器件编号的方法：双击元器件编号，如 D1、C?、J?、U? 等，在弹出的 Display-Properties 对话框中，修改 Value 栏的值即可。具体编号可参照本书配套资料包中的 STM32CoreBoard. pdf 文件或附录（STM32 核心板 PDF 版本原理图）。

下面以 JTAG/SWD 调试接口电路为例来说明。从 STM32 核心板的原理图库中拖出 5 个 10kΩ 电阻（元器件名为 10K）和 1 个简牛（元器件名为 Box header 20P），单击■按钮打开栅格，将所有元器件都放置在栅格上，如图 6-36 所示。然后将电阻的编号依次修改为 R1、R2、R3、R4 和 R5，将简牛的编号修改为 J8。**注意，如果不清楚 STM32 核心板原理图上某个元器件的名称而无法在 Part 索引栏中进行搜索，可通过表 4-2 中的元器件号（Reference）找到对应的元器件，然后利用"元器件名称"进行搜索。**

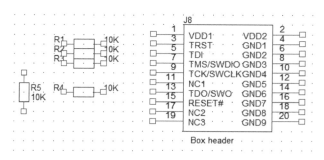

图 6-36　放置 JTAG/SWD 调试接口电路的元器件

一个完整的电路包括元器件、电源、接地和连线。因此，在 JTAG/SWD 调试接口电路中，还需要添加电源、接地和连线。

OrCAD Capture CIS 的电源和接地符号需要在库里面进行添加，由于 STM32CoreBoard. olb 中并没有电源和接地符号，可以将 6.4.3 节中提到的软件自带的 capsym. olb 库文件加载到项目的库里。按快捷键 F 或 G，打开 Place Ground 对话框，如图 6-37 所示，单击 Add Library 按钮加载 capsym. olb 库文件，然后在 Libraries 中选择 CAPSYM，在电源和接地符号列表中选择合适的符号。

选择好电源或接地符号后，将其放置在原理图对应的位置。放置完后单击鼠标右键，在右键快捷菜单中执行 End Mode 命令即可退出放置元器件模式。放置完 JTAG/SWD 调试接口电路的元器件、接地、电源之后的原理图如图 6-38 所示。

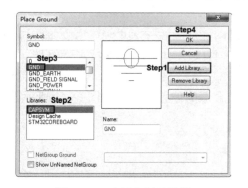

图 6-37　选择电源地符号

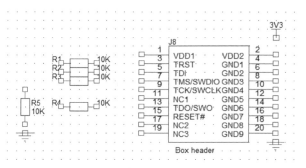

图 6-38　放置完 JTAG/SWD 调试接口电路的
元器件、接地、电源之后的原理图

除了放置元器件，有时还需要删除元器件。单击选中待删除的元器件，按 Delete 键即可将其删除。

6.7　元器件的连线

元器件之间的电气连接主要是通过导线来实现的。导线是电路原理图中最重要、最常用的图元之一。导线（Wire）是指具有电气性质，用来连接元器件电气点的连线。导线上的任意一点都具有电气性质。

图 6-39　元器件连线

执行菜单命令 Place→Wire，或按快捷键 W，或单击工具栏中的 ￁ 按钮，将指针移动到待连接的元器件引脚上，此时将显示引脚信息，单击放置导线的起点。移动指针到另一个引脚，当引脚上出现红色实心圆点时单击确定导线的终点，两个引脚之间的电气连线即添加完成，如图 6-39 所示。

此时，指针仍处于连线的状态，重复上述操作可以继续放置其他导线。如果电气线只有一端连接元器件引脚，另一端悬空，则将导线从引脚引出后在适当的位置双击即可结束连线。

需要退出连线模式时，单击鼠标右键，在右键快捷菜单中单击 End Wire 命令，或者直接按 Esc 键即可。

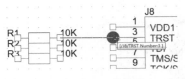

6.8　添加网络标号

网络标号实际上是一个电气连接点，具有相同网络标号的电气连接点表示是连接在一起的。使用网络标号可以避免电路中出现较长的连接线，从而使电路原理图可以清晰地表达电路连接的脉络。

放置网络标号之前，需要在对应的引脚上先放置导线。下面以 J8 的引脚 13 网络标号 JTDO 为例来介绍放置网络标号的方法。

（1）执行菜单命令 Place→Net Alias，或按快捷键 N，或单击工具栏中 ￼ 按钮，打开 Place Net Alias 对话框，在 Alias 文本框中输入网络标号 JTDO，其他参数保持默认设置，如图 6-40 所示。

（2）单击 OK 按钮，然后将网络标号放置在导线上合适的位置即可，如图 6-41 所示。

图 6-40　Place Net Alias 对话框

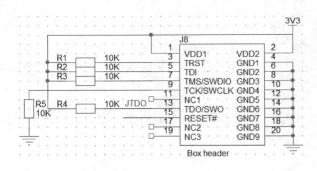

图 6-41　放置网络标号

悬空的引脚需要放置 No Connect 标识，表示该引脚没有进行电气连接。执行菜单命令 Place→No Connect，或按快捷键 X，或单击工具栏中的 ￼ 按钮，此时指针处会显示一个 X 标识，将此标识放置在悬空引脚的端点处即可。如图 6-42 所示，在 J8 的引脚 11、17、19 上放置了 No Connect 标识。

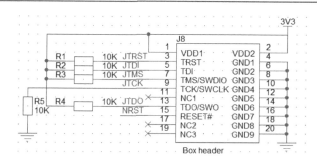

图 6-42　放置 No Connect 标识

6.9　添加模块名称

每个原理图都由若干模块组成，在绘制原理图时，建议分块绘制，这样做有两个好处：
（1）检查电路时只需要逐一检查每个模块，提高了原理图设计的可靠性；（2）模块可以重复用到其他工程中，且经过验证的模块可以降低工程出错的概率。分块绘制原理图时，应给每个模块添加模块名称。

下面以在 STM32 核心板原理图上添加"JTAG/SWD 调试接口电路"模块名称为例进行讲解。执行菜单命令 Place→Text，或按快捷键 T，或单击工具栏中的 按钮，在弹出的 Place Text 对话框的文本栏中输入模块名称"JTAG/SWD 调试接口电路"，同时将字体改为"宋体 18"，字体颜色改为红色，如图 6-43 所示。

单击 OK 按钮，将"JTAG/SWD 调试接口电路"文本放置到如图 6-44 所示的位置。

图 6-43　Place Text 对话框

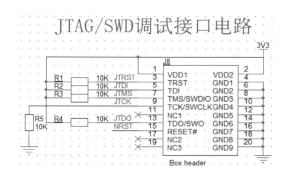

图 6-44　添加完"JTAG/SWD 调试接口电路"
模块名称后的效果图

为了更好地区分各模块，建议将独立的模块用线框隔离开。具体方法是：执行菜单命令 Place→Line，或单击工具栏中的 按钮，给 JTAG/SWD 调试接口电路模块添加线框，效果如图 6-45 所示。双击线框，打开 Edit Graphic 对话框，在 Line Width 下拉列表中选择第 2 种线宽，颜色选择红色，如图 6-46 所示。

修改后的线框效果图如图 6-47 所示。

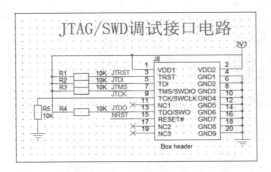

图 6-45　在"JTAG/SWD 调试接口电路"模块添加好线框后的效果图

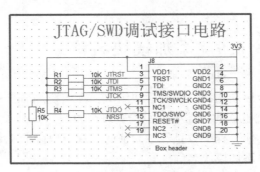

图 6-46　Edit Graphic 对话框　　　　　　图 6-47　修改后的线框效果图

6.10　原理图的 DRC 检查

原理图设计完成后，需要对原理图的电气连接特性进行自动检查。对于 OrCAD Capture CIS，自动检查后的错误信息将显示在原理图下方的窗口中，同时也会标注在原理图中。读者可以对检查规则进行设置，然后根据提示的错误信息对原理图进行修改。

DRC 检查操作步骤如下：

（1）选择工程文件，即 stm32coreboard. dsn，如图 6-48 所示。

（2）执行菜单命令 Tools→Design Rules Check。

（3）分别在 Design Rules Options 标签页、Electrical Rules 标签页和 Physical Rules 标签页中，选择要进行 DRC 检查的项，推荐参照如图 6-49 至图 6-51。

（4）单击"确定"按钮。在随后弹出的提示框中单击"是"按钮。

（5）检查完成后，也可双击 .\stm32coreboard. drc 查看 DRC 报告，即系统的自动检查结果，如图 6-52 所示。还可以在原理图中通过错误标志进行查看。

原理图出现错误如何进行定位？下面以一个电阻编号错误为例来说明。假设原理图中 R4 电阻的标号不小心被标成了 R5，由于原理图核心板上已有一个 R5 电阻，因此，原理图中出现了两个相同编号的电阻，在进行原理图 DRC 检查时，就会出现错误，错误信息如图 6-53 所示，同时在原理图中也会标注出来。

根据错误提示找到 R5 所在位置，可以使用查找命令，找到编号错误的电阻，然后将其改为 R4。

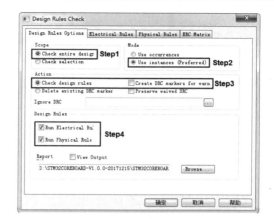

图 6-49　Design Rules Options 选择项

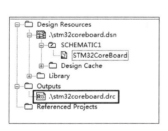

图 6-48　选择工程文件

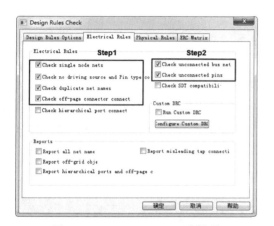

图 6-50　Electrical Rules 选择项

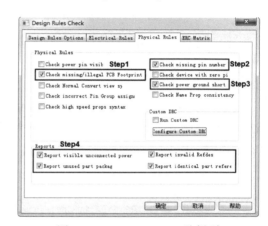

图 6-51　Physical Rules 选择项

图 6-52　查看 drc 报告

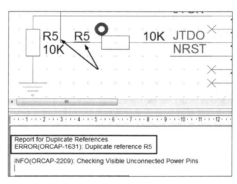

图 6-53　查看原理图错误

6.11　常见问题及解决方法

1. 导线垂直交叉但未连接

问题：两条垂直交叉的导线，电气特性上要求是相连的，但是原理图中未显示连接。

解决方法：在原理图中导线垂直交叉默认是不相连的，如果想让两条导线相连，则需要手动添加连接点。执行菜单命令 Place→Junction，如图 6-54 所示。

此时，指针处出现一个连接点，将其移至交叉点处并单击即可。放置完成后的效果如图 6-55 所示。

图 6-54 添加连接点

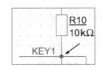

图 6-55 添加连接点效果

2. 检查 VCC 和 GND 是否短路

问题：几乎每一个电路都有多个 VCC 和 GND 网络，任何一个 VCC 网络与 GND 网络连接都会导致整个电路短路，如何检查 VCC 和 GND 网络是否短路？

解决方法：以 STM32 核心板的 3V3 和 GND 网络为例。在对整个原理图进行 DRC 检查之前，需要在图 6-51 中的 Physical Rules 对话框中勾选 Check power ground short 项。执行完 DRC 检查后，如果 3V3 和 GND 网络短路，则会出现如图 6-56 所示的错误报告。

```
Checking Entire Design: STM32COREBOARD
----------------------------------------------

INFO(ORCAP-2212): Check Power Ground Mismatch
QUESTION(ORCAP-1589): Net has two or more aliases - possible short? 3V3
```

图 6-56 电源地短路错误报告

3. 在原理图中复制元器件

问题：如何在原理图中复制元器件？

解决方法：在原理图中框选选中某个区域的元器件，或单击选中某个元器件，按快捷键 Ctrl+C 进行复制，再按快捷键 Ctrl+V 进行粘贴。

4. 在原理图中对元器件进行 90°旋转

问题：如何在原理图中对某一个元器件进行 90°旋转？

解决方法：在英文输入法环境下，单击选中待旋转的元器件，然后按 R 键即可将元器件旋转 90°。

5. 在原理图中将元器件相对于 X 轴或 Y 轴进行翻转

问题：如何在原理图中将某一个元器件相对于 X 轴旋转或 Y 轴进行翻转？

解决方法：在英文输入法环境下，单击选中待翻转的元器件，然后按 H 键可实现相对于 X 轴的翻转（即垂直翻转），按 V 键可实现相对于 Y 轴的翻转（即水平翻转）。

6. 在原理图中查找特定元素

问题：有时需要在原理图中查找某个特定的元素，如元器件、网络标号、文本等。如何快速查找某个特定的元素？

解决方法：以查找 STM32 核心板上的电容 C15 为例。首先选择工程文件，即 stm32coreboard.dsn，执行如图 6-57 所示的操作即可找到 C15 在 STM32 核心板原理图中所在的位置。

同样，如果想查找某个网络，首先取消勾选所有元素，只勾选 Nets 项，然后在图 6-57 所示的搜索栏中输入相应的网络名称，按回车键即可找到其在原理图中所在的位置。

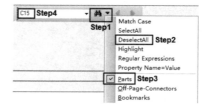

图 6-57　查找器件

7. 浏览 Parts

问题：有时需要直观地了解整个原理图的元器件是否有编号，元器件的 Value 是否有赋值，如电容量、电阻值等。如何快速地了解到这些信息？

解决方法：首先选中工程文件，即 stm32coreboard.dsn，执行菜单命令 Edit→Browse→Parts，如图 6-58 所示，打开 Browse Properties 对话框，然后单击 OK 按钮，如图 6-59 所示。系统将弹出工程中用到的所有元器件的列表，如图 6-60 所示。

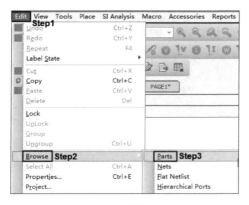

图 6-58　浏览 Parts

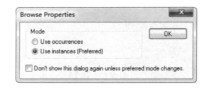

图 6-59　浏览属性对话框

Reference	Value	Source Part	Source Library
3V3	TESTPOINT_0.9	TESTPOINT_0.9	E:\CADENCE\SPB_16.6\TOOLS\CAPTURE\LIBRARY\LIBRARY1.OLB
C1	100nF/50V	100nF50V	E:\CADENCE\SPB_16.6\TOOLS\CAPTURE\LIBRARY\LIBRARY1.OLB
C2	100nF/50V	100nF50V	E:\CADENCE\SPB_16.6\TOOLS\CAPTURE\LIBRARY\LIBRARY1.OLB
C3	22uF/25V	22uF25V	E:\CADENCE\SPB_16.6\TOOLS\CAPTURE\LIBRARY\LIBRARY1.OLB
C4	100nF/50V	100nF50V	E:\CADENCE\SPB_16.6\TOOLS\CAPTURE\LIBRARY\LIBRARY1.OLB
C5	22uF/25V	22uF25V	E:\CADENCE\SPB_16.6\TOOLS\CAPTURE\LIBRARY\LIBRARY1.OLB
C6	100nF/50V	100nF50V	E:\CADENCE\SPB_16.6\TOOLS\CAPTURE\LIBRARY\LIBRARY1.OLB
C7	100nF/50V	100nF50V	E:\CADENCE\SPB_16.6\TOOLS\CAPTURE\LIBRARY\LIBRARY1.OLB
C8	100nF/50V	100nF50V	E:\CADENCE\SPB_16.6\TOOLS\CAPTURE\LIBRARY\LIBRARY1.OLB
C9	100nF/50V	100nF50V	E:\CADENCE\SPB_16.6\TOOLS\CAPTURE\LIBRARY\LIBRARY1.OLB
C10	100nF/50V	100nF50V	E:\CADENCE\SPB_16.6\TOOLS\CAPTURE\LIBRARY\LIBRARY1.OLB
C11	22pF/50V	22pF50V	E:\CADENCE\SPB_16.6\TOOLS\CAPTURE\LIBRARY\LIBRARY1.OLB
C12	22pF/50V	22pF50V	E:\CADENCE\SPB_16.6\TOOLS\CAPTURE\LIBRARY\LIBRARY1.OLB
C13	100nF/50V	100nF50V	E:\CADENCE\SPB_16.6\TOOLS\CAPTURE\LIBRARY\LIBRARY1.OLB
C14	10pF/50V	10pF50V	E:\CADENCE\SPB_16.6\TOOLS\CAPTURE\LIBRARY\LIBRARY1.OLB
C15	22pF/50V	22pF50V	E:\CADENCE\SPB_16.6\TOOLS\CAPTURE\LIBRARY\LIBRARY1.OLB

图 6-60　工程元器件列表窗口

在该窗口中可以直观地查看元器件是否有编号，Value 是否有赋值。在 Reference 列中双击某个元器件，可以打开原理图的相应页面，同时该元器件被高亮显示。

本章任务

学习完本章后，在本书配套资料包的 AllegroLib\SCHLib 目录下找到 STM32CoreBoard. olb 文件，即 STM32 核心板原理图库，将其加载到 OrCAD Capture CIS 软件中，然后参照 PDF-SchDoc 目录下的 STM32CoreBoard. pdf 文件，或参照本书附录，完成整个 STM32 核心板的原理图绘制。

****

 本章习题

1. 简述原理图设计的流程。
2. 简述加载原理图库的方法。
3. 在原理图设计环境中，如何实现元器件的 90° 旋转、垂直翻转和水平翻转？

第 7 章　STM32 核心板 PCB 设计

PCB 设计是将电路原理图变成具体的电路板的必由之路，是电路设计过程中至关重要的一步。如何将第 6 章已设计好的 STM32 核心板原理图通过 Cadence Allegro 软件转变成 PCB，就是本章要讲解的内容。学习完本章，读者可掌握 STM32 核心板 PCB 的布局、布线、覆铜等操作，为后续进行电路板制作做好准备。

学习目标：

➢ 了解使用 Cadence Allegro 软件进行 PCB 设计的流程。
➢ 能够熟练进行元器件的布局操作。
➢ 能够熟练进行 PCB 的布线操作。
➢ 能够基于 Cadence Allegro 软件完成 STM32 核心板的 PCB 设计。

7.1　PCB 设计流程

STM32 核心板的 PCB 设计流程如图 7-1 所示，包括：（1）创建一个 STM32 核心板的 PCB 工程；（2）设计 STM32 核心板的板框和定位孔；（3）将 STM32 核心板的原理图导入 PCB 工程中；（4）在 PCB 设计环境中，进行 PCB 规则设置；（5）对 PCB 上的元器件进行布局操作；（6）进行元器件布线操作；（7）添加丝印；（8）添加泪滴；（9）添加电路板信息和信息框；（10）电路板正反面覆铜；（11）对整个 PCB 进行设计验证。

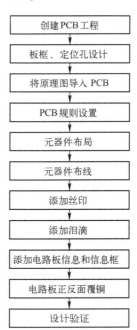

图 7-1　PCB 设计流程图

创建 PCB 工程
板框、定位孔设计
将原理图导入 PCB
PCB 规则设置
元器件布局
元器件布线
添加丝印
添加泪滴
添加电路板信息和信息框
电路板正反面覆铜
设计验证

7.2　快捷操作的设置

在 PCB 设计中，Allegro 软件的很多功能命令会频繁使用，但这些功能命令大都默认位于二级或三级菜单中，频繁地在菜单中单击命令，不利于提高设计效率。因此，在使用

Allegro 进行 PCB 设计之前，有必要掌握快捷操作的设置方法。

　　Allegro 软件系统是一个相对较为开放的系统，它给用户预留了较多的定制空间，因此设置快捷操作的方法有很多种。对于初学者来说，最好先掌握常用的设置方法，待熟练后再深入研究。

7.2.1　设置快捷键

　　找到 Allegro 软件安装路径（如 C:\SPB_Data\pcbenv）文件夹中的 env 文件，用记事本打开，如图 7-2 所示。主要通过用 alias 和 funckey 两个命令来定义快捷键。下面以复制操作来介绍快捷键的设置方法。

　　首先查看"复制"操作的命令语句。执行菜单命令 Edit→Copy，即可查看"复制"操作对应的命令语句，显示在 PCB 设计环境的左下角，如图 7-3 所示。

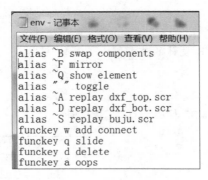

图 7-2　env 文件内容

图 7-3　查看命令语句

　　如果要查看其他操作的命令语句，也可以采用上述操作。假设将"复制"操作的快捷键设为 C 键，那么定义"复制"操作的快捷方式命令语句有如下两种：

```
alias c copy
funckey c copy
```

　　第一条语句：在设计过程中，按快捷键 C 后，还需按回车键，"复制"命令才会生效。

　　第二条语句：在设计过程中，按快捷键 C 后，"复制"命令直接生效。

　　alias 和 funckey 有什么区别？用 alias 定义的快捷方式语句，每次按字母后还需要按回车键，并不能真正实现使用快捷键的便利。alias 要实现快捷键的功能需要"功能键+字母或数字"的组合才可以，例如：

alias F2 Add Connect（布线），注意，F2~F12 皆可，F1 为保留命令 help。

alias~W Add Connect，注意，字母需为大写，小写将提示找不到命令。~表示 Ctrl 键与 W 键同时按下。

　　alias 并不能定义单独字母快捷键，如果要定义单独字母快捷键，如直接按下 W 键实现布线功能，则要使用 funckey 命令。

7.2.2　设置环境变量

如果要顺利使用快捷键，还需要让 Allegro 软件找到 env 文件。此时需要设置环境变量来定义 pcbenv 文件夹的路径。在 C:\SPB_Data\pcbenv 目录下找到 env 文件，如图 7-4 所示。

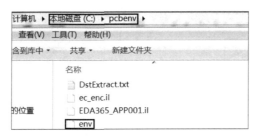

图 7-4　pcbenv 文件夹路径

在定义环境变量时指向 pcbenv 文件夹的路径即可。环境变量的设置操作如下：

（1）右键单击"计算机"，在右键快捷菜单中选择"属性"命令。

（2）打开"高级系统设置"，然后单击"环境变量"按钮。

（3）在弹出的"环境变量"对话框中，将 HOME 的变量值改为 pcbenv 文件夹的路径，即 C:\，如图 7-5 所示。

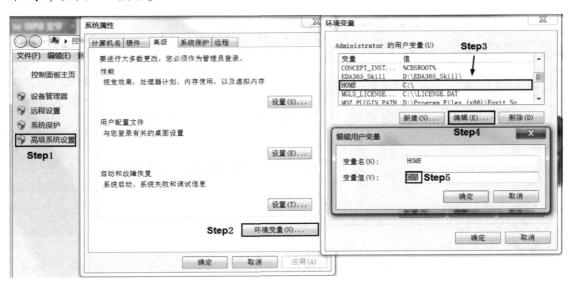

图 7-5　设置环境变量

上述步骤完成后，重启 Allegro 软件，即可顺利使用 env 文件中定义的快捷键了。

7.3　创建 PCB 工程

打开 PCB Editor 软件，如图 7-6 所示。初次打开，系统会弹出如图 7-7 所示的对话框，对话框中有很多程序组件，选择 Allegro PCB Design GXL，并且勾选 Use as default 项，下次打开时就不需要重新选择程序组件了，默认打开的都是 Allegro PCB Design GXL，然后单击 OK 按钮。

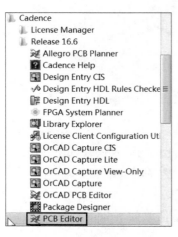

图 7-6　打开 PCB Editor 软件

图 7-7　选择程序组件

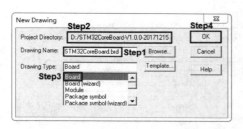

图 7-8　New Drawing 对话框

执行菜单命令 File→New，如图 7-8 所示，打开 New Drawing 对话框，执行以下操作：

（1）在 Drawing Name 栏中输入 PCB 工程名。为了保持命名一致性，将工程、原理图、PCB 文件都统一命名为 STM32CoreBoard。

（2）单击 Browse 按钮，将工程文件保存在 D：\STM32CoreBoard-V1.0.0-20171215 目录下。

（3）在 Drawing Type 下拉列表中选择 Board。

（4）单击 OK 按钮，即可新建一个名为 STM32CoreBoard 的 PCB 工程。

7.4　板框和定位孔设计

7.4.1　板框的设计

绘制板框之前，需要设定工作界面参数。执行菜单命令 Setup→Design Parameters，打开 Design Parameters Editor 对话框，选择 Design 标签页，按照图 7-9 所示设置参数。

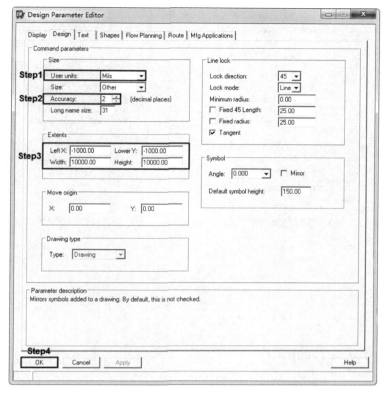

图 7-9　在 Design Parameter Editor 对话框中设置参数

（1）设计单位：User units 选择 Mils。注意，在设计中不要经常更换单位，最好从始至终保持同一种单位。

（2）单位精度：Accuracy，如果单位选择 Mils，则精度为 2 位；如果单位选择 Millimeter 时，则精度为 4 位。

（3）设置工作区域：Extents 中的参数用于定义工作区的大小，图 7-9 中参数的具体含义如图 7-10 所示。

设置好参数之后，执行菜单命令 Add→Line，然后在 PCB 设计界面右侧的 Options 面板中，将 Class 设置为 Board Geometry，Subclass 设置为 Outline，Line Width 设置为 6mil，如图 7-11 所示。

接下来开始进行板框绘制。STM32 核心板的长为 109mm（4291.339mil），宽为 59mm（2322.835mil），具体步骤如下。

（1）先确定板框的坐标原点，在命令栏中输入绝对坐标：x 0 0，按回车键，如图 7-12 所示。建议将板框原点设定在板子的左下角，这样板内所有元素的坐标都是正坐标，便于计算。

（2）依次在命令栏键入以下 4 个相对坐标，每输入完一个按回车键，再继续输入下一个坐标：iy 4291.339、ix 2322.835、iy -4291.339、ix -2322.835。即可绘制出一个长为 109mm（4291.339mil）、宽为 59mm（2322.835mil）的矩形板框，如图 7-13 所示。绘制完矩形板框后，单击鼠标右键，在右键快捷菜单中选择 Done 命令，结束绘制。

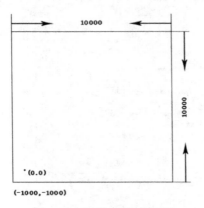

图 7-10　参数的具体含义

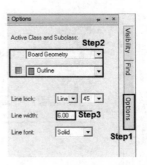

图 7-11　设置画线选项

图 7-12　输入绝对坐标

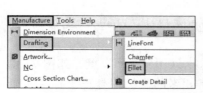

图 7-13　绘制板框

（3）绘制完板框，需要将板框的 4 个角进行倒角。具体做法是：执行菜单命令 Manufacture→Drafting →Fillet，如图 7-14 所示。在 Options 面板中设置倒角半径 Radius 为 80mil，然后依次单击角的两条边，如图 7-15 所示。采用同样的操作对其余 3 个角进行倒角。

（4）最终绘制完成的板框如图 7-16 所示。单击鼠标右键，在右键快捷菜单中选择 Done 命令，结束绘制。

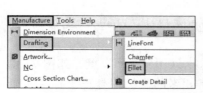

图 7-14　绘制圆弧倒角步骤 1

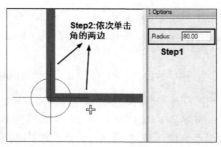

图 7-15　绘制圆弧倒角步骤 2

图 7-16　绘制完成的板框圆弧倒角

7.4.2　定位孔的设计

制作好的电路板板框一般需要通过定位孔固定在结构件上。观察 STM32 核心板实物可以看到，电路板的 4 个角各有一个定位孔，因此在设计 PCB 时，也需要绘制 4 个定位孔，下面详细介绍定位孔的绘制方法。

（1）执行菜单命令 Add→Circle，在 Options 面板中将 Class 设置为 Board Geometry，Subclass 设置为 Outline，Line Width 设置为 6mil，如图 7-17 所示。

（2）定位孔的半径为 63mil，左下角定位孔圆心的坐标为（150mil，150mil）。在命令栏中输入绝对坐标 "x 150 150"，按回车键，然后在命令栏中输入相对坐标 "ix 63"（定位孔的半径），按回车键，即可完成左下角定位孔的绘制，如图 7-18 所示。

（3）用同样的方法绘制其余 3 个定位孔，其余 3 个定位孔的线宽和半径同样是 6mil 和 63mil。右下角定位孔圆心的坐标是（2172mil，150mil），左上角定位孔圆心的坐标是（150mil，4140mil），右上角定位孔圆心的坐标是（2172mil，4140mil）。4 个定位孔全部绘制完成后的效果图 7-19 所示。

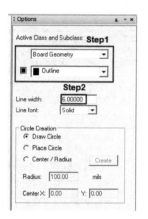

图 7-17　设置画圆选项

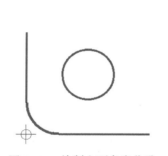

图 7-18　绘制左下角定位孔

图 7-19　4 个定位孔绘制
完成后的效果图

7.5　将原理图导入 PCB

7.5.1　生成网表

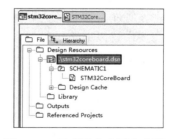

图 7-20　原理图生成网表步骤 1

首先，在原理图设计环境中对原理图进行检查，在确保没有错误的情况下，单击 stm32coreboard.dsn 文件，如图 7-20 所示。然后，执行菜单命令 Tool→Create Netlist，打开 Create Netlist 对话框，如图 7-21 所示，选择 PCB Editor 标签页，单击 "确定" 按钮，系统即可自动生成网表。

在弹出的 ORPXLL-1 对话框中，单击 "是" 按钮，如图 7-22 所示，即可在原理图所在的文件夹目录下创建一个名为 allegro 的文件夹，用来存放生成的网表文件，如图 7-23 所示。每次重新生成网表，该文件夹内的文件都会被新的网表文件覆盖。

图 7-21　原理图生成网表步骤 2

图 7-22　原理图生成网表步骤 3

图 7-23　网表路径

图 7-24　网表文件

allegro 文件夹中存放有 3 个网表文件：pstxnet. dat、pstxprt. dat、pstchip. dat，如图 7-24 所示。

pstxnet. dat：定义各个元器件引脚的电气连接关系。

pstxprt. dat：定义各个元器件对应的封装类型。

pstchip. dat：定义各个封装的相关参数。

pstxprt. dat、pstchip. dat 是两个独立的文件，它们通过 pstxnet. dat 进行关联。这 3 个文件共同组成 allegro 的网表文件。

7.5.2　导入网表

网表生成之后，需要在 PCB Editor 软件中导入网表。在网表导入前，需要在 PCB Editor 软件中设置库文件路径，以便网表导入后能成功地把元器件导入 PCB 中。

需要设置以下路径包括 devpath、padpath、psmpath。

devpath：定义寻找 Device 文件的目录路径，主要用于第三方网表文件的导入。

padpath：定义寻找 Padstack（焊盘）文件的目录路径。

psmpath：定义寻找 Symbol 文件的目录路径。

操作步骤如下：

（1）执行菜单命令 Setup→User Preferences，打开 User Preferences Editor 对话框。

（2）在 User Preferences Editor 对话框中的 Paths 目录下，单击选中 Library。

（3）根据实际库文件的位置，分别指定 devpath、padpath、psmpath 的路径，如图 7-25 至图 7-27 所示。

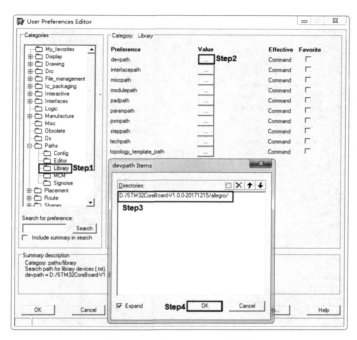

图 7-25　指定 devpath 路径

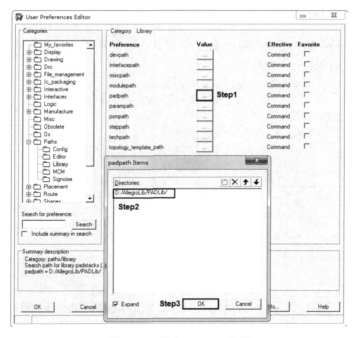

图 7-26　指定 padpath 路径

设置好库文件路径，就可以导入网表了。操作步骤如下：

（1）执行菜单命令 File→Import→Logic，打开 Import Logic 对话框。

（2）选择 Cadence 标签页，按照如图 7-28 所示勾选相应的选项。

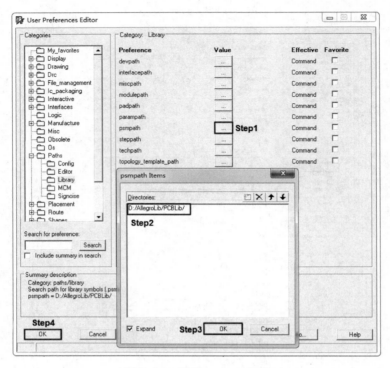

图 7-27　指定 psmpath 路径

（3）在 Import directory 栏中指定网表文件夹 allegro 的路径，然后单击 Import Cadence 按钮，软件即可自动执行导入网表操作。

网表导入成功，会出现如图 7-29 所示的提示框。

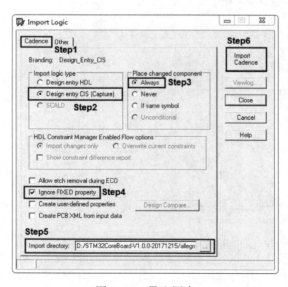

图 7-28　导入网表

图 7-29　网表导入成功提示框

7.5.3　放置元器件

网表成功导入后，在 PCB 设计环境中还看不到元器件，需要手动将元器件放置到 PCB 中。执行菜单命令 Place→Quickplace，打开 Quickplace 对话框，按照如图 7-30 所示设置相应选项，单击 OK 按钮，即可将所有元器件放置到 PCB 中，效果图如图 7-31 所示。

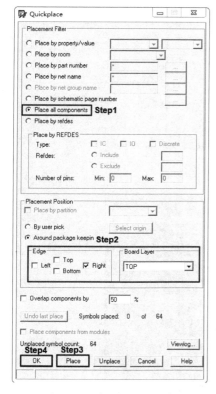

图 7-30　快速放置元器件

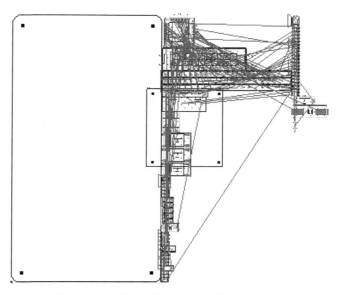

图 7-31　所有元器件放置到 PCB 中的效果图

7.6　PCB 规则设置

为了保证电路板在后续工作过程中保持良好的性能，在 PCB 设计中常常需要设置规则，如线间距、线宽、不同电气点的最小间距等。不同的 PCB 设计有不同的规则要求，在每一个 PCB 设计项目开始之前都要设置相应的规则。下面针对 STM32 核心板详细讲解需要设置的规则。学习完本节后，建议读者查阅相关文献了解其他规则。

7.6.1　约束管理器（Constraint Manager）

执行菜单命令 Setup→Constraints→Constraint Manager，如图 7-32 所示。打开 Allegro Constraint Manager 对话框，如图 7-33 所示。

图 7-32　打开约束管理器

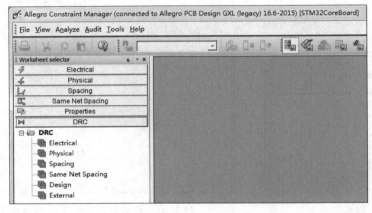

图 7-33　约束管理器对话框

7.6.2　基于 Net 的设计约束与规则

在 Allegro Constraint Manager 对话框的左侧，可以看到有 4 类基于 Net 的设计约束与规则。

- 电气约束（Electrical Constraint）：管理电路信号特性（串扰和传输延迟）。
- 物理约束（Physical Constraint）：包括 Line Width 和 Vias 约束等。
- 间距约束（Spacing Constraint）：由于电路板上的导线并非完全绝缘，会受到工作环境的影响，产生不利于 PCB 正常工作的因素，因此需要规定导线之间的间距。设置间距规则包括不同网络的 Lines、Pads、Vias、Shapes 之间的间距以及区域间距规则等。
- 相同网络间距约束（Same Net Spacing Constraint）：用来控制相同网络之间的间距，以及相同网络之间的 Line、Pads、Vias、Shapes 之间的间距。

　　PCB Editor 有一套预先定义的设计规则，如 Line to Pin 间距规则、最小的 Line 宽度等，相同类型的设计规则组成了相应的约束。读者可通过设定约束内的各项数值来确定具体的设计规则。Spacing 约束管理属于不同 Net 的对象之间的间距，如 Line to Line 间距、Thru pin to Thru Via 间距等。Physical 约束管理线路的物理结构，如最小宽度、差分线对的线宽/间距等。Same Net Spacing 约束管理具有相同 Net 的对象之间的间距。Electrical 约束管理电路信号特性，如最大绝对路径延迟、相对路径延迟等。Electrical 约束不做介绍。

　　Physical、Spacing 和 Same Net Spacing 设计规则均有两种类别：Default 规则和扩展规则。Default 规则用于定义没有特殊布线要求的网络。若某些网络的设计规则不同于 Default 规则，用户则可使用扩展规则。

　　在设计的初始阶段，PCB Editor 分别将 Spacing 约束、Physical 约束和 Same Net Spacing 约束的 Default 规则赋予设计中的所有网络。若设计中的某些网络的设计规则不同于 Default 规则，用户则需先创建包含这些网络的 Net Class，再建立扩展的 Physical 约束、Spacing 约束和 Same Net Spacing 约束，最后将这些扩展的约束赋予 Net Class。如图 7-34 所示是某项目已经设定好的规则，其中 DIFF100 是扩展规则，DEFAULT 是 Default 规则。

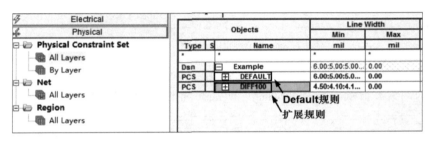

图 7-34　Default 规则和扩展规则

　　STM32 核心板相对来说比较简单，不需要建立扩展规则，Default 规则即可满足设计需求。

7.6.3　Spacing（安全间距）

　　Spacing（安全间距）设置的是 PCB 电路板上元器件焊盘和焊盘之间、焊盘和导线之间、导线和导线之间的最小距离。下面以 STM32 核心板的一般安全间距设置为例，介绍 Spacing（安全间距）的设置方法。

　　在 Allegro Constraint Manager 对话框中，单击 Spacing 标签页中的 Spacing Constraint Set 工作表。打开 All Layers 目录，将一般安全间距 Line、Pins、Vias、Hole 到其他对象的距离设为 8mil，覆铜安全间距 Shape 距离其他对象的距离设为 20mil。Bond Finger 和 BB via Gap 可忽略，如图 7-35 至图 7-38 所示。

		Objects		Line To									
				Line	Thru Pin	SMD Pin	Test Pin	Thru Via	BB Via	Test Via	Microvia	Shape	Bond Finger	Hole
Type	S		Name	mil	mil	mil	mil	mil	mil	mil	mil	mil	mil	mil
*			*	*	*	*	*	*	*	*	*	*	*	*
Dsn		⊟	STM32CoreBoard	8.00	8.00	8.00	8.00	8.00	8.00	8.00	8.00	20.00	8.00	8.00
SCS		⊞	DEFAULT	8.00	8.00	8.00	8.00	8.00	8.00	8.00	8.00	20.00	8.00	8.00

图 7-35　布线到其他对象的安全间距

	Objects		Thru Pin To												
			Line	Thru Pin	SMD Pin	Test Pin	Thru Via	BB Via	Test Via	Microvia	Shape	Bond Finger	Line	Thru Pin	SMD Pin
Type	S	Name	mil	mil	mil	mil	mil	mil	mil	mil	mil	mil	mil	mil	mil
			*	*	*	*	*	*	*	*	*	*	*	*	*
Dsn	STM32CoreBoard		8.00	8.00	8.00	8.00	8.00	8.00	8.00	20.00	8.00		8.00	8.00	8.00
SCS	DEFAULT		8.00	8.00	8.00	8.00	8.00	8.00	8.00	20.00	8.00		8.00	8.00	8.00

图 7-36　焊盘到其他对象的安全间距

	Objects		Thru Via To												
			Line	Thru Pin	SMD Pin	Test Pin	Thru Via	BB Via	Test Via	Microvia	Shape	Bond Finger	Line	Thru Pin	SMD Pin
Type	S	Name	mil	mil	mil	mil	mil	mil	mil	mil	mil	mil	mil	mil	mil
			*	*	*	*	*	*	*	*	*	*	*	*	*
Dsn	STM32CoreBoard		8.00	8.00	8.00	8.00	8.00	8.00	8.00	8.00	20.00	8.00	8.00	8.00	8.00
SCS	DEFAULT		8.00	8.00	8.00	8.00	8.00	8.00	8.00	8.00	20.00	8.00	8.00	8.00	8.00

图 7-37　过孔到其他对象的安全间距

	Objects		Shape To										
			Line	Thru Pin	SMD Pin	Test Pin	Thru Via	BB Via	Test Via	Microvia	Shape	Bond Finger	Hole
Type	S	Name	mil	mil	mil	mil	mil	mil	mil	mil	mil	mil	mil
			*	*	*	*	*	*	*	*	*	*	*
Dsn	STM32CoreBoard		20.00	20.00	20.00	20.00	20.00	20.00	20.00	20.00	20.00	20.00	20.00
SCS	DEFAULT		20.00	20.00	20.00	20.00	20.00	20.00	20.00	20.00	20.00	20.00	20.00

图 7-38　覆铜到其他对象的安全间距

此时，在 Allegro Constraint Manager 对话框中，单击 Spacing 标签页中的 Net 工作表，可以看到所有的网络都被赋予了上述 Spacing Default 规则，如图 7-39 所示。

	Objects		Referenced Spacing C Set	Line To										
				Line	Thru Pin	SMD Pin	Test Pin	Thru Via	BB Via	Test Via	Microvia	Shape	Bond Finger	Hole
Type	S	Name		mil	mil	mil	mil	mil	mil	mil	mil	mil	mil	mil
		*	*	*	*	*	*	*	*	*	*	*	*	*
Dsn	STM32CoreBoard		DEFAULT	8.00	8.00	8.00	8.00	8.00	8.00	8.00	8.00	20.00	8.00	8.00
Net	BOOT0		DEFAULT	8.00	8.00	8.00	8.00	8.00	8.00	8.00	8.00	20.00	8.00	8.00
Net	GND		DEFAULT	8.00	8.00	8.00	8.00	8.00	8.00	8.00	8.00	20.00	8.00	8.00
Net	JTCK		DEFAULT	8.00	8.00	8.00	8.00	8.00	8.00	8.00	8.00	20.00	8.00	8.00
Net	JTDI		DEFAULT	8.00	8.00	8.00	8.00	8.00	8.00	8.00	8.00	20.00	8.00	8.00
Net	JTDO		DEFAULT	8.00	8.00	8.00	8.00	8.00	8.00	8.00	8.00	20.00	8.00	8.00
Net	JTMS		DEFAULT	8.00	8.00	8.00	8.00	8.00	8.00	8.00	8.00	20.00	8.00	8.00
Net	JTRST		DEFAULT	8.00	8.00	8.00	8.00	8.00	8.00	8.00	8.00	20.00	8.00	8.00
Net	KEY1		DEFAULT	8.00	8.00	8.00	8.00	8.00	8.00	8.00	8.00	20.00	8.00	8.00
Net	KEY2		DEFAULT	8.00	8.00	8.00	8.00	8.00	8.00	8.00	8.00	20.00	8.00	8.00
Net	KEY3		DEFAULT	8.00	8.00	8.00	8.00	8.00	8.00	8.00	8.00	20.00	8.00	8.00

图 7-39　所有网络都被赋予 Spacing Default 规则

7.6.4　Physical（线宽和过孔）

在 Allegro Constraint Manager 对话框中，单击 Physical 标签页中的 Spacing Constraint Set 工作表。单击 All Layers，在右侧栏中设置 Line Width 对应的 Min（最小线宽）和 Max（最大线宽）值。将 Min 设置为 10mil，Max 设置为 30mil，如图 7-40 所示。布线时，软件默认是按照最小线宽来布线。

	Objects		Line Width	
			Min	Max
Type	S	Name	mil	mil
		*	*	*
Dsn	STM32CoreBoard		10.00	30.00
PCS	DEFAULT		10.00	30.00

图 7-40　设置线宽

同样，在图 7-40 右侧栏中找到 Vias（过孔）设置项，单击 Vias 对应的文本框，如图 7-41 所示。

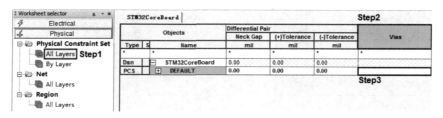

图 7-41　Vias 设置项

打开 Edit Via List 对话框，在左侧 Select a via from the library or the database 栏中找到设计所需的过孔（VIA）并双击，该过孔就会出现在右侧 Via list 栏中，最后单击 OK 按钮，过孔设置完成，如图 7-42 所示。

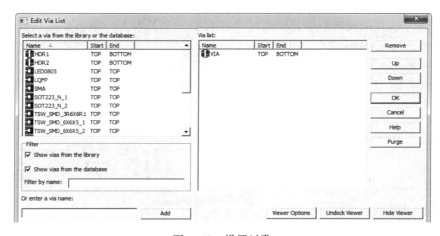

图 7-42　设置过孔

注意：设置过孔之前，需要先创建过孔。过孔创建完成之后要将其保存在项目指定的 PCB 库路径中，否则在图 7-42 的左侧栏中找不到所需的过孔。过孔的创建方法与创建通孔焊盘的方法一致，这里不再赘述。因为本书配套的 PCB 库中已含有过孔，读者可直接使用。

在 Allegro Constraint Manager 对话框中，单击 Physical 标签页中的 Net 工作表，单击 All Layers，这时可以看到所有网络都被赋予了上述 Physical Default 规则，所有网络的线宽规则和过孔规则如图 7-43、图 7-44 所示。

Electrical				Line Width	
Physical		Objects	Referenced Physical C Set	Min	Max
Physical Constraint Set	Type	S	Name		mil	mil
All Layers	*		*	*	*	*
By Layer	Dsn		STM32CoreBoard	DEFAULT	10.00	30.00
Net	Net		BOOT0	DEFAULT	10.00	30.00
All Layers	Net		GND	DEFAULT	10.00	30.00
Region	Net		JTCK	DEFAULT	10.00	30.00
All Layers	Net		JTDI	DEFAULT	10.00	30.00
	Net		JTDO	DEFAULT	10.00	30.00
	Net		JTMS	DEFAULT	10.00	30.00
	Net		JTRST	DEFAULT	10.00	30.00
	Net		KEY1	DEFAULT	10.00	30.00
	Net		KEY2	DEFAULT	10.00	30.00
	Net		KEY3	DEFAULT	10.00	30.00
	Net		LED1	DEFAULT	10.00	30.00

图 7-43　网络线宽规则

	Objects		(+)Tolerance	(-)Tolerance	Vias
	Type	S	Name	mil	mil	
	*		*	*	*	*
Dsn	⊟	STM32CoreBoard	0.00	0.00	VIA
Net		BOOT0	0.00	0.00	VIA
Net		GND	0.00	0.00	VIA
Net		JTCK	0.00	0.00	VIA
Net		JTDI	0.00	0.00	VIA
Net		JTDO	0.00	0.00	VIA
Net		JTMS	0.00	0.00	VIA
Net		JTRST	0.00	0.00	VIA
Net		KEY1	0.00	0.00	VIA
Net		KEY2	0.00	0.00	VIA
Net		KEY3	0.00	0.00	VIA

左侧树形列表：
- Electrical
- Physical
  - Physical Constraint Set
    - All Layers
    - By Layer
  - Net
    - All Layers
  - Region
    - All Layers

图 7-44　网络过孔规则

7.6.5　封装库引脚间距与单板设计规则冲突

STM32 芯片内部引脚非常密集，可能会与设计的规则相冲突，可以设置为将其忽略。具体方法是：首先在 PCB 设计界面右侧的 Find 面板中选择 Pins，然后框选选中 STM32F103RCT6 芯片的全部引脚。把指针放在其中一个引脚上，单击鼠标右键，在右键快捷菜单中选择 Property edit 命令，如图 7-45 所示。

打开 Edit Property 对话框，如图 7-46 所示，首先在 Available Properties 列表中找到并单击 No Drc，会看到 No Drc 规则出现在右侧栏中，Value 选择 TRUE，设置完成后，依次单击 Apply 和 OK 按钮。

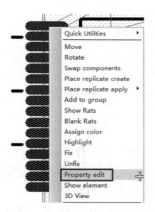

图 7-45　右键快捷菜单

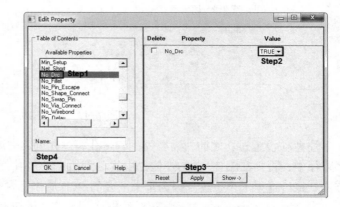

图 7-46　忽略引脚过密错误

7.6.6　设置常用图层及其颜色可见

使用 PCB Editor 进行 PCB 设计时，需要把重要的层设置为可见，而把一些没必要显示的层设置为隐藏，以避免图层太多，容易使人眼花缭乱，不利于布局和布线。此外，还可将设计中的焊盘、布线等设置为自己习惯的颜色。下面来介绍图层及颜色设置的方法。

1. 图层设置界面

执行菜单命令 Display→Color/Visibility，打开 Color Dialog 对话框，如图 7-47 所示。上方为层叠，下方为颜色盘及显示图形类型。

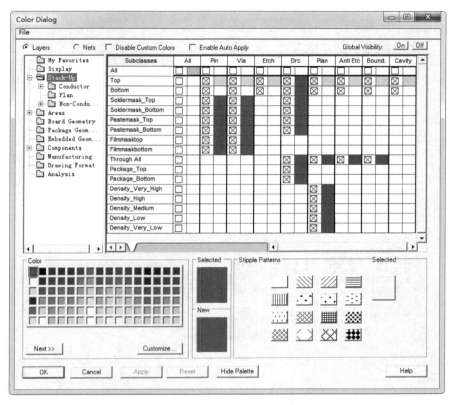

图 7-47　Color Dialog 对话框

My Favorites：用于常用图层的快速设置，可将常用图层添加进来，便于快速设置。

Display：设置高亮、格点、飞线、DRC、钻孔、背景等颜色，以及阴影度等参数。

Stack-Up：包括所有电气层（顶层、底层、中间层）的引脚、过孔、布线、DRC 等信息；还包括所有非电气层，如阻焊层（Soldermask）、锡膏防护层（Pastemask）等的信息。

Areas：设计中所有区域信息的显示，如约束区域、允许布局/布线区域、禁止布局/布线区域、禁止打过孔区域等。

Board Geometry：与电路板相关的元素信息，常用的如电路板框、尺寸标注信息、规划电路板时设置的 ROOM、自动布局时设置的格点等。

Package Geometry：与元器件封装相关的元素信息，如封装的丝印层、装配层、边界区域等。

Components：与元器件相关的文字信息，如元器件编号、器件类型、容差等。

Manufacturing：与生产制造相关的信息，如丝印层、钻孔图、测试点、PCB 叠层图等信息。

2. 图层颜色设置

以设置 Package Geometry 层的顶层和底层丝印颜色为例，介绍图层颜色的设置方法。

如图 7-48 所示，在层叠栏，选择 Package Geometry，在 Color 栏中选择黄色，在 Subclass 栏中，单击 Silkscreen_Top 右边对应的颜色方框，即可将其设置为黄色。用同样的方法将底层丝印设置为暗黄色。

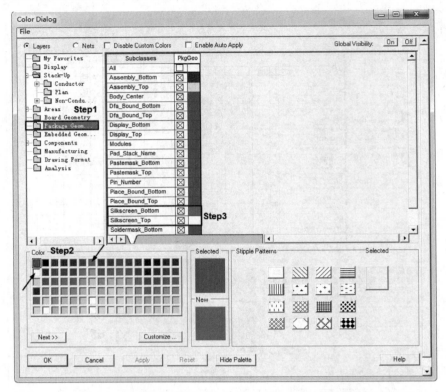

图 7-48　Package Geometry 层的顶层底层丝印颜色设置

　　然后，在 Stack-Up 中将顶层电气层设置为红色，底层电气层设置为蓝色。注意，将 Drc 设置为其他颜色，以便于识别。

7.7　元器件的布局

　　将元器件移至电路板板框内，并按照一定的规律对元器件进行摆放，这一过程称为布局。布局既是 PCB 设计过程中的难点，也是重点，布局合理，接下来的布线就会非常容易。

7.7.1　布局设置

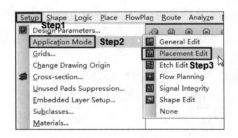

图 7-49　布局模式

　　在开始布局之前，先设置布局环境，可以提高布局效率和准确性。在 Allegro 软件中，有布局、布线等多种设计模式，不同模式的操作方式略有不同，但基本的操作在不同模式下都可以正常使用，本节选择布局模式，更加适应布局的操作环境。

　　执行菜单命令 Setup → Application Mode → Placement Edit，如图 7-49 所示。

7.7.2　显示设置

执行菜单命令 Setup→Design Parameters，打开 Design Parameter Editor 对话框，在 Display 标签页中按照如图 7-50 所示的参数进行设置。

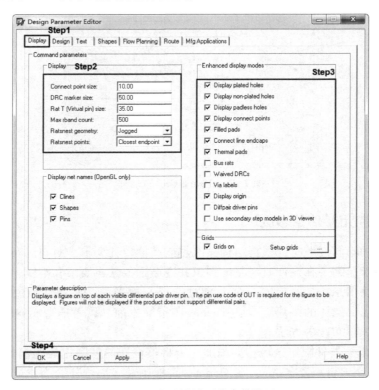

图 7-50　布局设计环境参数设置

7.7.3　格点设置

在 PCB 设计过程中，设置合理的栅格对 PCB 设计有很大帮助。在布局阶段，一般选择 25mil 的栅格，在抓取元器件时，可以选择元器件的中心点抓取，这样摆放的器件更加美观。下面来介绍 PCB Editor 栅格的设置方法。

首先打开栅格设置窗口，执行菜单命令 Setup→Grids，打开 Define Grid 对话框，如图 7-51 所示，其中各参数含义如下。

Grids on：栅格显示的开关，勾选该选项，PCB 中将显示栅格；反之，隐藏栅格。

Non-Eth：对非走线层的栅格设置，如丝印层、阻焊层、钻孔层。

All-Etch：对走线层栅格的设置，如顶层、底层。

Top：对顶层进行设置，此后的所有层都单独列出，STM32 核心板是两层板，所以只显示了 Top 和 Bottom。假如对 All Etch 进行了设置，那么 All Etch 之下的所有层都被统一设置为相同的栅格。

Spacing：间距 X、Y 栏分别设置 X 坐标、Y 坐标上各个栅格的间距。

Offset：偏移点，所有设置的栅格都根据该点向四周发散。如果该栏不填，那么偏移点默认为 PCB 中的原点（0，0）。

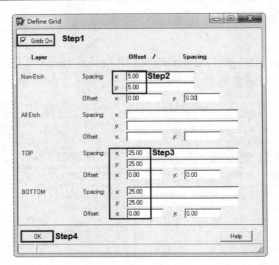

图 7-51　Define Grid 对话框

7.7.4　添加元器件禁布区

在设计电路的不同区域时，根据结构、散热或其他设计要求，对布局布线及过孔有不同的禁布或限定要求。为了在设计时清楚地知道并遵循这些禁布要求和范围，在设计之前，需要把各种区域限制信息添加到板内。对于 STM32 核心板来说，元器件到板边的距离至少为 2mm，到非金属化定位孔的距离至少为 1mm。在布局之前，读者需要将这些禁布区域画出来。下面介绍添加禁布区的方法。

（1）添加整板元器件限定区域，即添加一个将整板元器件限定在距离板框 2mm 的区域内。执行菜单命令 Edit→Z-Copy，在 Options 面板中将 Class 设置为 PACKAGE KEEPIN，Subclass 设置为 ALL，Size 选择 Contract，Offset 设置为 78.74mil（即 2mm），如图 7-52 所示。

然后，直接单击板框，即可生成一个相对于板框内缩 2mm 的 Package Keepin 区域，如图 7-53 所示。

图 7-52　添加整板元器件限定区域

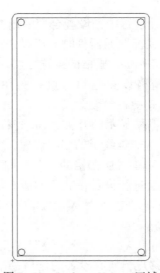

图 7-53　Package Keepin 区域

（2）在 Options 面板中将 Class 设置为 ROUTE KEEPIN，Subclass 设置为 ALL，Size 选择 Contract，将布线限定在距离板框 19.68mil（即 0.5mm）的区域内，如图 7-54 所示。

然后，直接单击板框，即可生成一个相对于板框内缩 0.5mm 的 Route Keepin 区域，如图 7-55 所示。

图 7-54　添加布线限定区域

图 7-55　Route Keepin 区域

（3）绘制定位孔周围 1mm 以内的布线和元器件禁布区域。执行菜单命令 Edit→Z-Copy，在 Options 面板中将 Class 设置为 ROUTE KEEPOUT，Subclass 设置为 ALL，Size 选择 Expand，Offset 设置为 40mil（即 1mm），如图 7-56 所示。

然后，依次单击 4 个定位孔，即可生成相对于定位孔外扩 1mm 的禁布区域，如图 7-57 所示。

图 7-56　添加布线禁布区域

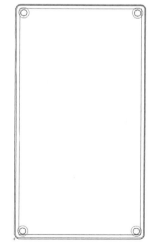

图 7-57　定位孔周围的禁布区

7.7.5　布局原则

布局一般要遵守以下原则。

（1）布线最短原则。例如，集成电路（IC）的去耦电容应尽量放置在相应的 VCC 和 GND 引脚之间，且距离 IC 尽可能近。

（2）同一模块集中原则，即布局时具有相同功能模块的元器件应摆放在一起。

原理图中具有相同功能模块的元器件一目了然，但是当原理图中的元器件被更新到 PCB 上之后，相同功能模块内部的元器件就不那么明晰了。为了在 PCB 中快速筛选出相同功能模块中的元器件，可以在 PCB 设计环境中执行菜单命令 Edit→Move，然后在 Find 面板中勾选 Symbols 项，如图 7-58 所示。

① 在 OrCAD Capture CIS 软件中打开 stm32coreboard. dsn 文件，然后在原理图中单击鼠标右键，在右键快捷菜单中选择 Selection Filter 命令，或按快捷键 Ctrl+I，打开 Selection Filter 对话框，如图 7-59 所示。单击 Clear All 按钮，取消勾选所有项后，只勾选 Parts 项。

② 框选选中 STM32 核心板"独立按键电路"模块中的所有元器件，如图 7-60 所示。

图 7-58　在 Find 面板中勾选 Symbols 项

图 7-59　Selection Filter 对话框

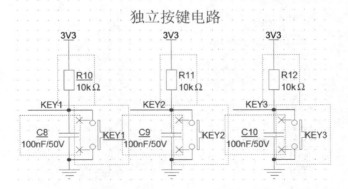

图 7-60　在原理图中选中"独立按键电路"模块中的所有元器件

再切换到 PCB 设计环境中，可以看到所有元器件呈现被选中的状态。在空白处单击，选定一个基准点，然后移动这些元器件，单击将其放在合适的位置，如图 7-61 所示。单击鼠标右键，在右键快捷菜单中选择 Done 命令，即可结束当前操作。

此时，元器件可能摆放得过于分散，需要手动将元器件逐个移到一个区域中，如图 7-62 所示。

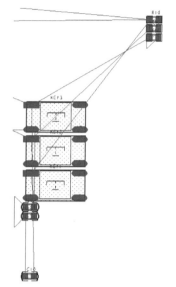

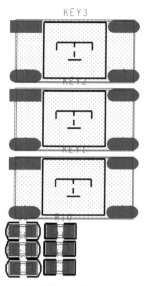

图 7-61　将选中的元器件放在合适的位置　　　图 7-62　将元器件集中放在一个区域中

（3）布局时，元器件不能距离板框太近，元器件靠近板框的一侧到板框的距离至少为 2mm，如果空间允许，建议距离为 5mm。

（4）布局晶振时，应尽量靠近 STM32F103RCT6 芯片，且与晶振相连的电容必须紧邻晶振，如图 7-63 所示。另外，晶振不能离板框太近，否则会导致晶振辐射噪声。

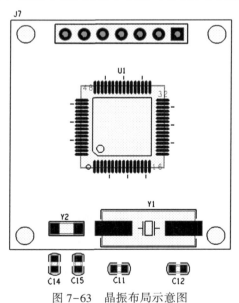

图 7-63　晶振布局示意图

7.7.6　布局基本操作

进行元器件布局时，应掌握以下基本操作。

（1）移动元器件。执行菜单命令 Edit→Move，在 Find 面板中只勾选 Symbols 项。

图 7-64　移动设置

在执行移动命令时，需要在 Options 面板中设置一些常用参数，如图 7-64 所示。各参数说明如下。

Ripup etch：删除已连导线。

Slide etch：移动导线。

Stretch etch：拉伸导线。

Type：旋转类型，选择 Incremental。

Angle：旋转角度，选择 90，即按照 90°进行旋转。

Point 下拉列表中 4 个选项的含义分别是：按元器件原点移动，按元器件中心移动，按指针位置移动（整组元器件旋转时必须选择此项），按元器件的某个引脚移动。

在 Options 面板中设置好相应参数后，可在 PCB 设计环境中单击或框选待移动的元器件后进行移动操作。

（2）旋转元器件。在元器件移动过程中，单击鼠标右键，在右键快捷菜单中选择 Rotate 命令，即可执行旋转操作，如图 7-65 所示。每次旋转的角度以 Move 命令中的 Options 面板设置的 Angle 数值为准。

也可以通过设置快捷键的方式旋转元器件。

（3）复选元器件。执行菜单命令 Edit→Move，选择元器件之前，在空白处单击鼠标右键，在右键快捷菜单中选择 Temp Group 命令，如图 7-66 所示，然后依次单击多个元器件，即可实现元器件的复选。在复选的过程中，如果误选了某个元器件，则按 Ctrl 键，再单击该元器件，即可取消选中。元器件全部选中之后，单击鼠标右键，在右键快捷菜单中选择 Complete 命令，即可进行下一步操作。

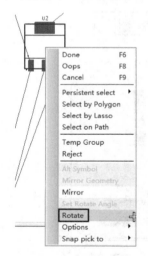

图 7-65　旋转器件

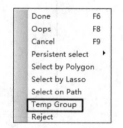

图 7-66　Temp Group 命令

（4）对齐元器件。执行菜单命令 Setup→Application Mode→Placement Edit，复选需要对齐的元器件，然后单击鼠标右键，在右键快捷菜单中选择 Align Components 命令，如图 7-67 所示。

在 Options 面板中设置相应的对齐方式，如图 7-68 所示，即可达到想要的对齐效果。

（5）切换元器件所在的层。执行菜单命令 Edit→Mirror，在 Find 面板中只勾选 Symbols 项，然后单击待换层的元器件，即可将其换层。

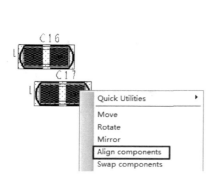

图 7-67　对齐元器件

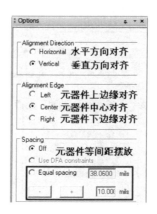

图 7-68　对齐器件设置

（6）显示飞线。执行菜单命令 Display→Show Rats→All，可以开启 PCB 的所有飞线，如图 7-69 所示。

（7）关闭飞线。执行菜单命令 Display→Blank Rats→All，可以隐藏 PCB 的所有飞线，如图 7-70 所示。STM32 核心板布局完成的效果图如图 7-71 所示，图中隐藏了飞线。未隐藏飞线的效果图如图 7-72 所示。

图 7-69　开启飞线

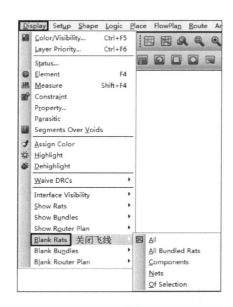

图 7-70　隐藏飞线

对于初学者而言，建议第一次布局时严格按照 STM32 核心板实物进行布局，熟练掌握之后再尝试自行布局。

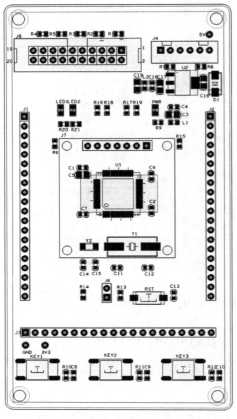

图 7-71　整个 STM32 核心板布局
后的效果图（隐藏飞线）

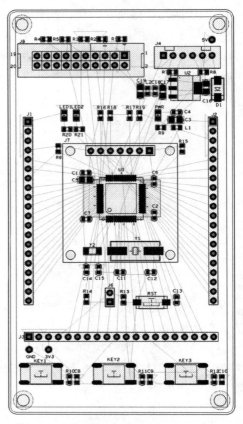

图 7-72　整个 STM32 布局后的
效果图（开启飞线）

7.8　元器件的布线

7.8.1　布线的基本操作

（1）布线操作。执行菜单命令 Route→Connect，或单击工具栏中的 按钮，在 Options 面板中设置参数，如图 7-73 所示。设置好后，即可进行布线操作。注意，在布线时，电源线和 GND 需要加粗，可以在 Options 面板中将 Line width（线宽）改为 30mil。

（2）切换当前布线转角。在执行布线操作的过程中，单击鼠标右键，在右键快捷菜单中选择 Toggle 命令，即可切换布线转角。

（3）打孔操作。在布线过程中，在需要打孔的地方双击，或单击鼠标右键，在右键快捷菜单中选择 Add Via 命令，即可实现打孔。

（4）群组拉线。当为多组信号布线时，可框选选中整组线，移动指针进行多根线同时布线，可提高布线效率。单击鼠标右键，在右键快捷菜单中选择 Route Spacing 命令，可设置群组线间距，如图 7-74 所示。

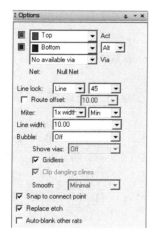

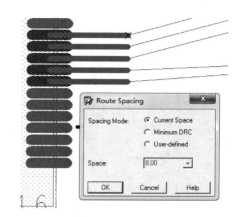

图 7-73　布线推荐设置　　　　　　　　　　　　图 7-74　群组布线

（5）移线操作。当布线效果不佳或需要调整现有布线、过孔时，可采用移线操作。执行菜单命令 Route→Slide，在 Options 面板中设置参数，如图 7-75 所示。

在 Find 面板中，勾选 Vias、Cline segs 或 Rat Ts 等项，表示只能移动这些对象，文字等其他对象无法移动，如图 7-76 所示。

图 7-75　移线推荐设置　　　　　　　　　　　图 7-76　可移动对象

设置完成后，单击待移动的对象，即可完成移动操作。移线的目的主要是对线的形态、长度进行调整。移线时，可以单个对象移动，也可多个对象一起移动，根据实际情况灵活使用。在布线过程中，布线和移线命令通常频繁地混合使用。

（6）删除操作。当布线效果不理想，或需要调整布线状态时，逐一修改比较费时，可以采用删除命令，将不需要的线删除后，重新布线。

执行菜单命令 Edit→Delete，建议根据实际需要，仅勾选 Find 面板中所需处理的对象，而无关对象取消勾选，以防误删，然后双击待删除的对象即可。Find 面板中几个特殊对象的说明如下。

Clines：删除整层的某一条线。

Cline segs：删除线的某一段，当不勾选 Clines 项时，此项才有效。

Nets：删除网络的所有走线、过孔，需与 Options 面板参数配合使用，建议谨慎使用。

Lines 与 Other segs：表示删除 Add→line 命令所绘制的线，主要是丝印线，作用对象与 Clines 效果一样。

删除时，可点选或框选，还可以用右键快捷菜单中的 Temp Group 命令复选，可灵活使用，提高效率。

（7）更改线宽。当布完线之后，需要将某些布线加粗或变细，这里以将 3.3V 网络进行整体加粗为例来介绍。

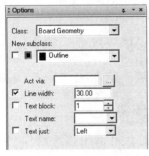

图 7-77　更改线宽

执行菜单命令 Edit→Change，在 Options 面板中勾选 Line width 项，并将线宽设为 30mil，如图 7-77 所示。

在 Find 面板中只勾选 Nets 项，然后在 PCB 设计窗口中单击任意 3.3V 网络的走线、焊盘或过孔，即可将 3.3V 网络所有走线加粗至 30mil。

还可以在 Find 面板中勾选 Clines、Cline segs、Lines 项，对某段走线或丝印线进行加粗。

（8）电路板翻转。执行菜单命令 View→Flip Design，即可实现电路板的正反面翻转。

（9）网络的高亮显示和取消高亮显示。

① 网络的高亮显示：执行菜单命令 Display→Assign Color，在 Options 面板中选择一种高亮网络的颜色，在 Find 面板中只勾选 Net 项，然后在 PCB 中单击需要高亮显示的网络，可以点选、框选或复选。

② 取消网络高亮显示：执行菜单命令 Display→Dehighlight，在 Find 面板中只勾选 Net 项，然后在 PCB 设计窗口中单击需要取消高亮显示的网络即可。

（10）电路板居中显示。执行菜单命令 View→Zoom Fit，即可令 PCB 全部居中显示。

7.8.2　布线的注意事项

布线时应注意以下事项。

（1）电源主干线原则上要加粗（尤其是电路板的电源输入/输出线）。对于 STM32 核心板，电源输出线包括 OLED 模块的电源线、JTAG/SWD 调试接口模块电源线和外扩引脚电源线。建议将 STM32 核心板的电源线的线宽设计为 30mil，如图 7-78 所示。可以看到，图中还有一些电源线未加粗，这是因为这些电源线并非电源主干线。

从严格意义上讲，布线上能够承载的电流大小取决于线宽、线厚及容许温升。在 25℃以下，对于铜厚为 35μm 的布线，10mil（0.25mm）线宽能够承载 0.65A 的电流，40mil（1mm）线宽能够承载 2.3A 的电流，80mil（2mm）线宽能够承载 4A 的电流。温度越高，承载的电流越小，因此保守考虑，在实际布线中，如果布线上需要承载 0.25A 的电流，则应将线宽设置为 10mil；若布线上需要承载 1A 的电流，则应将线宽设置为 40mil；若布线上需要承载 2A 的电流，则应将线宽设置为 80mil，依次类推。

在 PCB 设计和打样中，常用 OZ（盎司）作为焊盘厚度（简称铜厚）的单位，1OZ 铜厚定义为 1 平方英寸面积内铜箔的重量为 1 盎司，对应的物理厚度为 35μm。PCB 打样厂使用最多的板材规格就是 1OZ 铜厚。

（2）PCB 布线不要距离定位孔和电路板板框太近，否则在进行 PCB 钻孔加工时，布线很容易被切掉一部分甚至被切断。所以要给定位孔加一个禁布区，以防布线太近。如图 7-79 所示的布线与定位孔之间的距离适中，而如图 7-80 所示的布线与定位孔之间的距离太近。

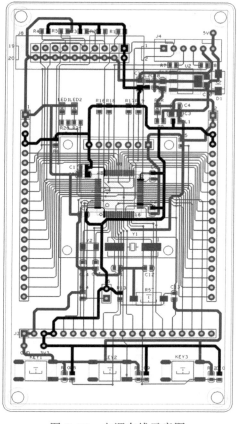

图 7-78　电源布线示意图

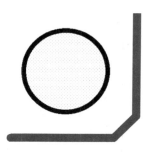

图 7-79　布线与定位孔之间的距离适中

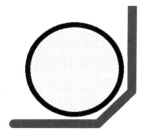

图 7-80　布线与定位孔之间的距离太近

（3）高频信号线，如 STM32 核心板上的晶振电路的布线，不要加粗，建议也按照线宽为 10mil 进行设计，而且尽可能布线在同一层，如图 7-81 所示。

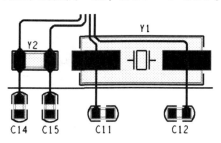

图 7-81　晶振电路布线示意图

7.8.3　STM32 分步布线

布局合理，布线就会变得顺畅。第一次布线，建议按照下面的步骤开展。此后可按照自己的思路尝试布线。实践证明，每多布一次线，布线水平就会有所提升，尤其是前几次尤为明显。由此可见，掌握 PCB 设计的诀窍很简单，就是反复多练。STM32 核心板的布线可分为以下七步。

第一步：从 STM32F103RCT6 芯片的部分引脚引出连线到排针，如图 7-82 所示。上述引出的引脚不包括以下引脚：通信-下载模块接口电路的 2 个引脚 PA9（USART1_TX）、PA10（USART1_RX），JTAG/SWD 调试接口电路的 5 个引脚 PA13（JTMS）、PA14（JTCK）、PA15（JTDI）、PB3（JTDO）、PB4（JTRST），OLED 显示屏接口电路的 4 个引脚 PB12（OLED_CS）、PB13（OLED_SCK）、PB14（OLED_RES）、PB15（OLED_DIN），LED 电路的 2 个引脚 LED1（PC4）、LED2（PC5）。

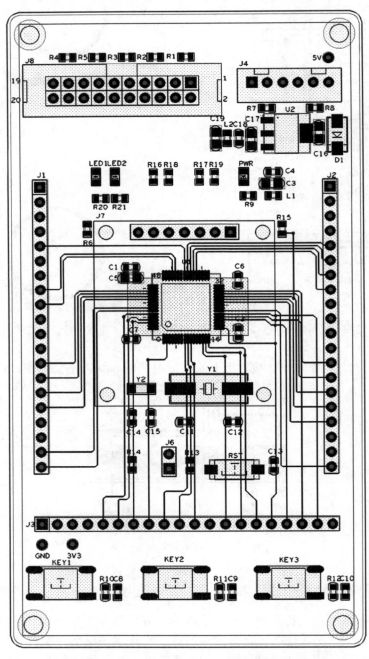

图 7-82 STM32F103RCT6 芯片部分引脚到排针的布线

第二步：电源线布线，主要针对电源转换电路，以及其余模块的电源线部分，如图 7-83 所示。

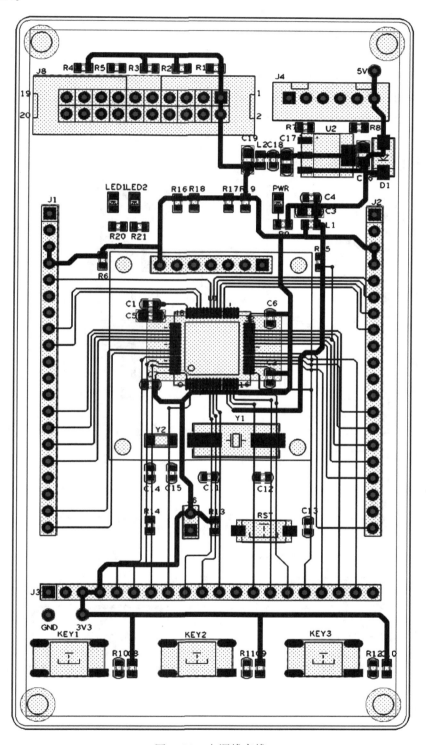

图 7-83　电源线布线

第三步：独立按键电路模块的布线，如图 7-84 所示。

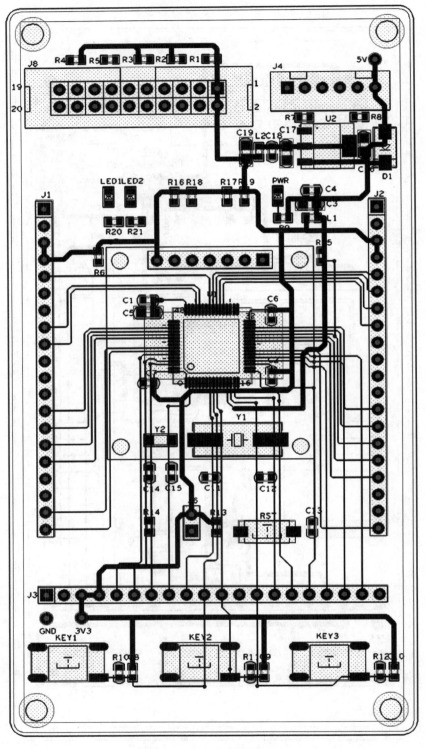

图 7-84　独立按键模块布线

第四步：JTAG/SWD 调试接口电路和通信–下载模块接口电路的布线，如图 7–85 所示。

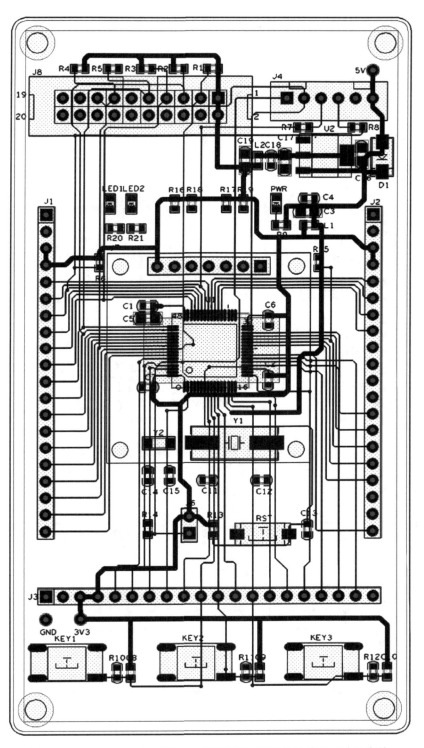

图 7–85　JTAG/SWD 调试接口电路和通信–下载模块接口电路的布线

第五步：LED 电路和晶振电路的布线，如图 7-86 所示。

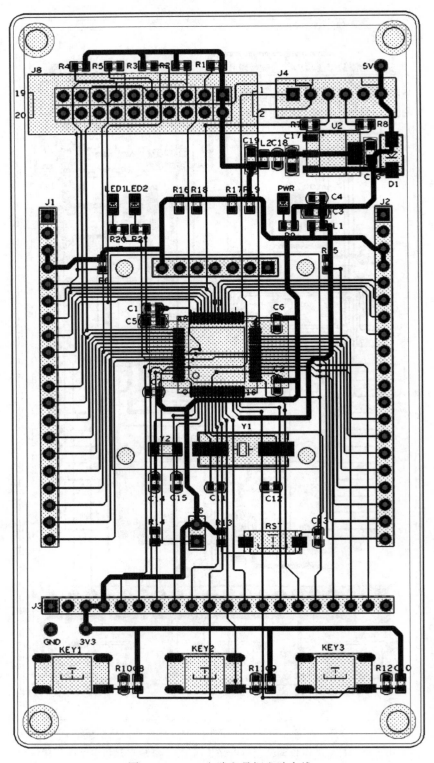

图 7-86　LED 电路和晶振电路布线

第六步：OLED 显示屏接口电路的布线，如图 7-87 所示。

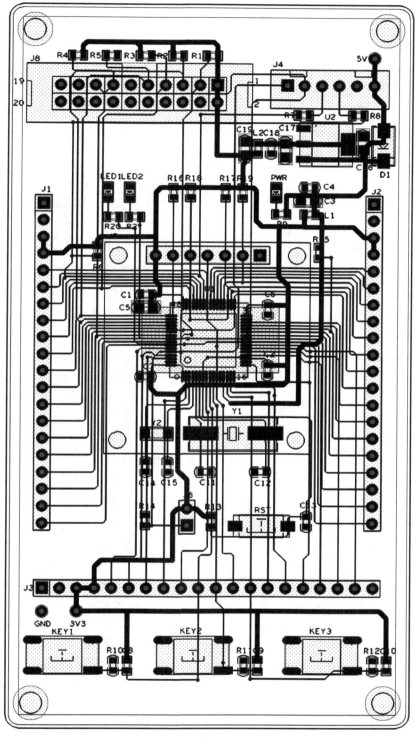

图 7-87　OLED 显示屏接口电路布线

第七步：GND（地）网络布线，如图 7-88 所示，建议将 GND 网络的线宽设置为 30mil。注意，由于绝大多数双面电路板的覆铜网络都是 GND 网络，因此有些工程师在布线时习惯不对 GND 网络进行布线，而是依赖覆铜。但是本书建议对所有网络（包括 GND 网络）布线后再进行覆铜，这样可以避免实际操作中诸多不必要的麻烦。

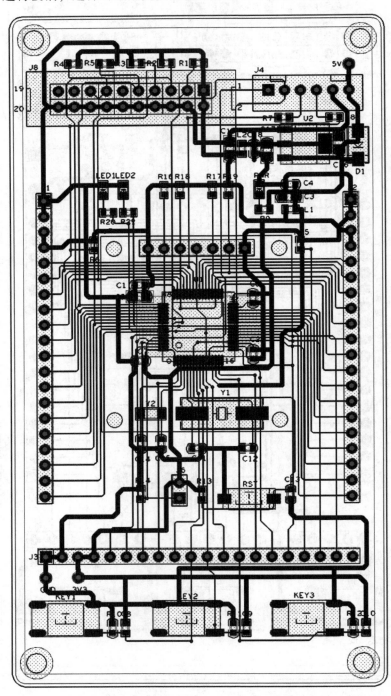

图 7-88　GND 网络布线（即完成整个电路的布线）

7.9　丝印

丝印是指印刷在电路板表面的图案和文字，正确的丝印字符布置原则是"不出歧义，见缝插针，美观大方"。添加丝印就是在 PCB 的上下表面印刷上所需要的图案和文字等，主要是为了方便电路板的焊接、调试、安装和维修等。

7.9.1　添加丝印

本节详细介绍如何在顶层和底层添加丝印。

（1）设置字体参数：添加丝印之前，需要设置字体大小等参数，执行菜单命令 Setup→Design Parameters，打开 Design Parameter Editor 对话框，选择 Text 标签页，如图 7-89 所示，单击 Setup text size 右侧的按钮。打开 Text Setup 对话框，如图 7-90 所示。其中的各项参数具体含义如下：

Text Blk：字体编号；

Width：字体宽度（字宽）；

Height：字体高度（字高）；

Line Space：行间距；

Photo Width：写在底片上的字体线宽，即字粗；

Char Space：字间距。

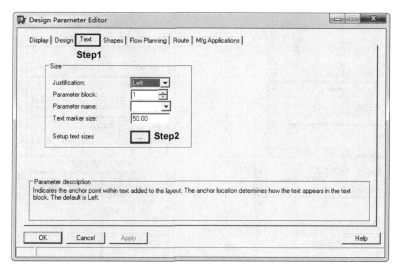

图 7-89　设置字体大小

通用器件的位号字体丝印采用单位 mil，字粗（Photo width）/字高（Height）/字宽（Width）常规尺寸可设为 6/30/30。读者可将 3 号字体设为该尺寸，并将该字体作为添加丝印文字的字体。

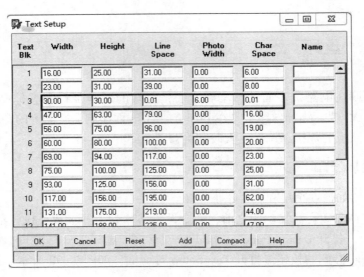

图 7-90　Text Setup 对话框

（2）添加顶层丝印：执行菜单命令 Add→Text，在 Options 面板中，将 Active Class 设为 Board Geometry，Subclass 设为 Silkscreen_Top，Text block 设置为 3 号字体，如图 7-91 所示。然后，在 PCB 上单击输入顶层丝印文本即可。

（3）添加底层丝印：执行菜单命令 Add→Text，在 Options 面板中，将 Active Class 设置为 Board Geometry，Subclass 设置为 Silkscreen_Bottom，Text block 设为 3 号字体，并勾选 Mirror 项，如图 7-92 所示。然后，在 PCB 上单击输入底层丝印文本即可。

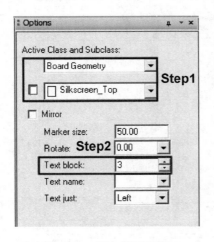

图 7-91　添加顶层丝印

图 7-92　添加底层丝印

注意，丝印的方向必须遵循"从左到右，从上到下"的原则。也就是说，如果丝印是横排的，那么首字母须位于左侧；如果丝印是竖排的，那么首字母须位于上方。

7.9.2　批量添加底层丝印

对于直插元器件（如 PH 座子、XH 座子、简牛等），在顶层丝印层和底层丝印层均需要添加引脚名丝印，并用丝印线条将相邻引脚名丝印隔开，这样做以便于进行电路板调试。

添加丝印线条的方法：执行菜单命令 Add→Line，即可添加丝印线条，在 Options 面板中，将 Active Class 设为 Board Geometry，Subclass 设为 Silkscreen_Top 或 Silkscreen_Bottom。

由于直插元器件的顶层丝印和底层丝印通常是对称的，因此，绘制好一个直插件的顶层引脚名丝印后，可以用复制的方式添加底层引脚名丝印。以 STM32 核心板上的 J2 为例，执行菜单命令 Edit→Copy，框选选中 J2 的顶层引脚名丝印后，将其放置在 PCB 上任意方便操作的位置，然后执行菜单命令 Edit→Mirror，再全选刚刚复制的引脚名丝印，即可将丝印镜像翻转，如图 7–93 所示。

7.9.3　STM32 核心板丝印效果图

顶层添加丝印后的效果图如图 7–94 所示，底层添加丝印后的效果图如图 7–95 所示。

GND	GND
GND	GND
3V3	3V3
3V3	3V3
PC9	PC9
PC8	PC8
PC7	PC7
PC6	PC6
PB15	PB15
PB14	PB14
PB13	PB13
PB12	PB12
PB11	PB11
PB10	PB10
PB2	PB2
PB1	PB1
PB0	PB0
PC5	PC5
PC4	PC4
PA7	PA7

图 7–93　J2 顶层和底层引脚名丝印示意图

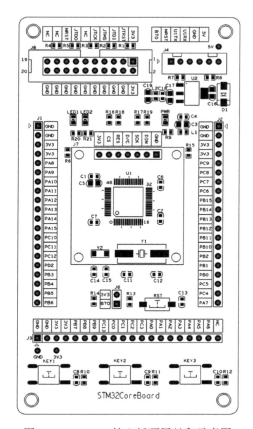

图 7–94　STM32 核心板顶层丝印示意图

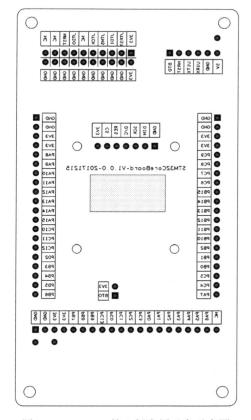

图 7–95　STM32 核心板底层丝印示意图

7.10 泪滴

在电路板设计过程中，常在导线和焊盘或过孔的连接处补泪滴，这样做有两个好处：
（1）当电路板受到巨大外力冲撞时，避免导线与焊盘分离，或导线与导线的连接断开，
（2）在PCB生产过程中，避免由蚀刻不均或过孔偏位导致的裂缝。下面介绍如何添加和删除泪滴。

1. 添加泪滴

（1）执行菜单命令 Route→Gloss→Parameters，打开 Glossing Controller 对话框，仅勾选 Fillet and tapered trace 复选框，并单击其左侧的按钮，如图 7-96 所示。打开 Fillet and Tapered Trace 对话框，按照图 7-97 所示设置参数。

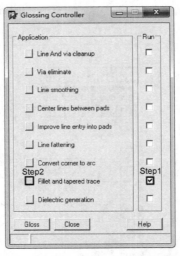

图 7-96 Glossing Controller 对话框   图 7-97 泪滴参数设置

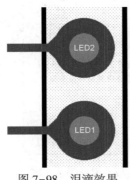

图 7-98 泪滴效果

（2）设置完成后，单击 OK 按钮。然后，在图 7-96 所示的 Glossing Controller 对话框中，单击 Gloss 按钮，对 PCB 添加泪滴，效果如图 7-98 所示。

（3）若需为单个焊盘、过孔添加泪滴，则在设置好参数后，执行菜单命令 Route→Gloss→Add Fillet，然后在 Find 面板中勾选需添加泪滴的对象。若对 Pin 添加泪滴，则在 Find 面板中选择 Pin，然后在 PCB 中单击需要添加泪滴的 Pin 即可。

（4）如果部分分布无法生成泪滴，需要将其转角拉长后才能生成泪滴。

2. 删除泪滴

执行菜单命令 Route→Gloss→Delete Fillet，单击有泪滴的 Pin 或 Via，即可删除单个泪滴。框选选中 PCB 板，可删除全部泪滴。

7.11　添加电路板信息和信息框

为了便于产品管理，可在电路板上添加电路板名称、版本信息及信息框。除此之外，还要在 PCB 文件中添加 PCB 设计软件、电路板版本、PCB 设计日期、电路板长宽、电路板厚度、电路板名称、电路板层数、板材类型、电路板颜色、铜箔厚度、设计者信息等。下面介绍如何添加上述信息。

7.11.1　添加电路板名称丝印

执行菜单命令 Setup→Design Parameter，打开 Design Parameter Editor 对话框，选择 Text 标签页，然后单击 Setup text size 右侧的按钮，打开 Text Setup 对话框，将 4 号字体的字粗（Photo Width）/字高（Height）/字宽（Width）尺寸设为 8/63/47，如图 7-99 所示。

Text Blk	Width	Height	Line Space	Photo Width	Char Space	Name
1	16.00	25.00	31.00	0.00	6.00	
2	23.00	31.00	39.00	0.00	8.00	
3	30.00	30.00	0.01	6.00	0.00	
4	47.00	63.00	0.01	8.00	0.01	
5	56.00	75.00	96.00	0.00	19.00	
6	60.00	80.00	100.00	0.00	20.00	
7	69.00	94.00	117.00	0.00	23.00	
8	75.00	100.00	125.00	0.00	25.00	
9	93.00	125.00	156.00	0.00	31.00	
10	117.00	156.00	195.00	0.00	62.00	
11	131.00	175.00	219.00	0.00	44.00	
12	141.00	188.00	235.00	0.00	47.00	

OK　Cancel　Reset　Add　Compact　Help

图 7-99　电路板名称丝印字体设置

执行菜单命令 Add→Text，在 Options 面板中将 Active Class 设为 Board Geometry，Subclass 设为 Silkscreen_Top，Text block 设为 4 号字体。然后，在按键下方，输入电路板名称 STM32CoreBoard，如图 7-100 所示。

STM32CoreBoard

图 7-100　电路板名称丝印

7.11.2 添加版本信息和信息框

添加版本信息可以方便对电路板进行版本管理。通常版本信息位于电路板底层，执行菜单命令 Add→Text，在 Options 面板中将 Active Class 设为 Board Geometry，Subclass 设为 Silkscreen_Bottom，Text block 设为 3 号字体，并勾选 Mirror 项，如图 7-101 所示。然后，在电路板底层输入版本信息：STM32CoreBoard-V1.0.0-20171215。

信息框主要用于对 PCB 进行编号，信息框也位于电路板底层。执行菜单命令 Add→Rectangle，在 Options 面板中将 Active Class 设为 Board Geometry，Subclass 设为 Silkscreen_Bottom，点选 Place Rectangle 项，并设置字宽为 787.4mil，字高为 393.7mil，如图 7-102 所示。

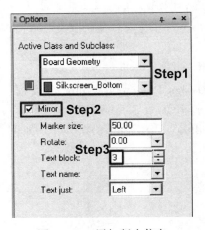

图 7-101 添加版本信息

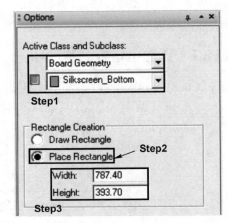

图 7-102 添加信息框

添加完版本信息和信息框后的效果图如图 7-103 所示。

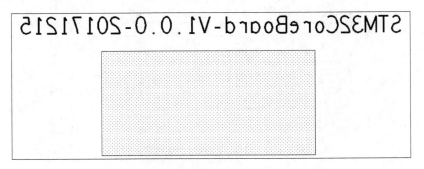

图 7-103 添加完版本信息和信息框后效果图

7.11.3 添加 PCB 信息

执行菜单命令 Add→Text，在 Options 面板中将 Active Class 设为 Board Geometry，Subclass 设为 Dimension，Text block 设为 3 号字体。然后，在 PCB 中添加如图 7-104 所示的信息和信息框（添加信息框执行命令 Add→Line），并将其放置在 PCB 的上方。图中的信息分别表示：PCB 设计使用的是 Allegro 16.6 软件，电路板版本为 V1.0.0，PCB 设计日期为 2017 年 12 月 15

日，电路板的长宽尺寸为 109×59mm，电路板厚度为 1.6mm，电路板名称为 STM32CoreBoard，电路板层数为 2，板材类型为 FR4，电路板的颜色为蓝色，铜箔厚度为 1OZ，设计者为 SZLY。注意，在 PCB 打样时，这些信息是被忽略的。

```
EDA:Allegro16.6
VER:V1.0.0
DATE:2017-12-15
L*W:109*59
H:1.6mm
NAME:STM32CoreBoard
LAYER:2
STYLE:FR4
COLOUR:BLUE
CU:1OZ
DESIGN:SZLY
```

图 7-104　添加 PCB 信息

7.12　覆铜

覆铜是指将电路板上没有布线的部分用固体铜填充，又称为灌铜。覆铜一般与电路的一个网络相连，多数情况是与 GND 网络相连。对大面积的 GND 或电源网络覆铜将起到屏蔽作用，可提高电路的抗干扰能力；此外，覆铜还可以提高电源效率，与地线相连的覆铜可以减小环路面积。

7.12.1　覆铜参数设置

在覆铜之前，需要先设置覆铜参数。执行菜单命令 Shape→Global Dynamic Parameters，打开 Global Dynamic Shape Parameters 对话框，按照图 7-105 所示设置参数。

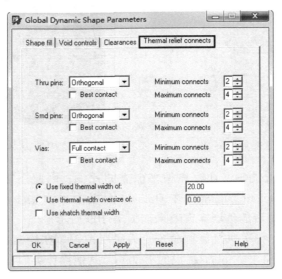

图 7-105　覆铜参数设置

7.12.2 覆铜的基本操作

对于 STM32 核心板，将覆铜网络设置为 GND 网络。在覆铜之前，首先要绘制一个覆铜区。由于顶层和底层覆铜方式类似，本节重点介绍如何进行顶层覆铜。

（1）执行菜单命令 Shape→Rectangular，在 Options 的面板中设置参数，如图 7-106 所示。

（2）在 PCB 设计环境中，绘制一个比电路板板框略大的矩形框。具体操作是：首先单击确定矩形框的一个顶点，然后移动指针至矩形框的对角顶点，再次单击，即可完成覆铜区的绘制。绘制完成之后，在矩形覆铜区内将自动生成顶层的覆铜，如图 7-107 所示。

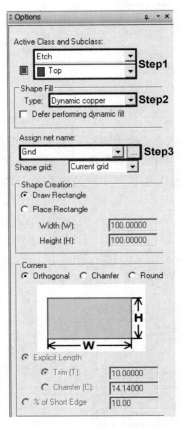

图 7-106 Options 面板设置

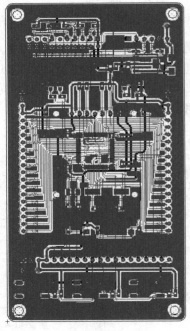

图 7-107 顶层覆铜效果图

（3）在自动生成的覆铜中，还存在很多孤立的死铜，因此还需执行删除死铜的操作。执行菜单命令 Shape→Delete Islands，在 Options 面板中单击 Delete all on layer 按钮，如图 7-108 所示。删除死铜后的顶层覆铜效果如图 7-109 所示。

完成顶层覆铜之后，再次执行覆铜命令，为底层覆铜。在绘制覆铜区时，在 Options 面板中将 Active class 设为 Etch，Subclass 设为 Bottom，其他操作类似，不再赘述。底层覆铜效果如图 7-110 所示。

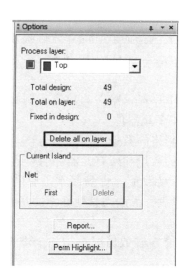

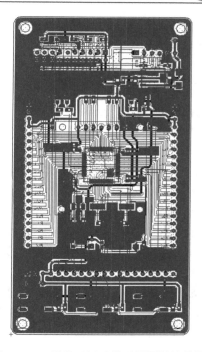

图 7-108　删除死铜　　　　　　　图 7-109　删除死铜后的顶层覆铜效果图

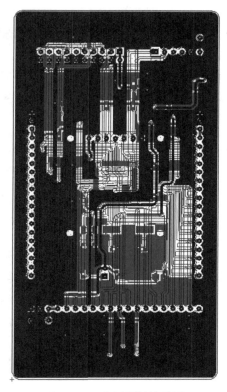

图 7-110　底层覆铜效果图

7.13 设计验证

为了保证设计文件的正确性，在输出生产文件之前，必须用 Allegro 软件提供的检查报告工具对所设计的文件进行检查。执行菜单命令 Display→Status，打开 Status 对话框，如图 7-111 所示。图中的各项的含义如下。

Unplaced symbols：显示尚未摆放的元器件的数量和所有元器件的数量。例如，0/64 表示尚未摆放到工作区域中的元器件数量为 0，一共有 64 个元器件。

Unrouted nets：显示尚未布线的网络的数量和所有网络的数量。

Unrouted connections：显示尚未布线的元器件引脚的数量和所有元器件引脚的数量。

Isolated shapes：显示焊盘中没有连接任何网络的焊盘数量（焊盘原本是有网络属性的，但受到其他线或元器件等的隔离影响后，变成孤立的焊盘，无法与其他任意网络连接）。

Unassigned shapes：显示没有网络属性的焊盘数量。

Out of date shapes：显示不在有效数据内的焊盘数量（多数情况是指一个焊盘重叠在另一个焊盘上，形成的无效焊盘）。

DRC errors：显示 DRC 错误的状态。

Shorting errors：短路的网络数量。

Waived DRC errors：可忽略的 DRC 错误数量。

注意，建议所有状态灯都为绿色，可直接单击部分状态灯查看报告坐标，定位问题的准确位置。

可以看到，图 7-111 所示的设计状态显示全部为 0，表示电路板没有电气错误。

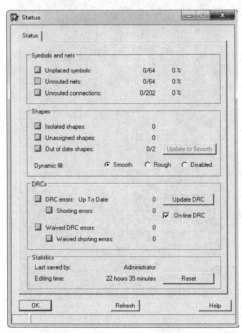

图 7-111　设计状态对话框

7.14　常见问题及解决方法

1. 导入路径中未找到文件

问题：在导入网表时，如果没有指定网表路径或者路径指定错误，则网表导入后系统会提示以下错误：

#1　　ERROR（24）File not found

　　　Packager files not found

解决方法：查看导入的网表路径是否正确（见图 7-112），路径内是否有生成的网表，路径中是否存在中文或特殊字符。

图 7-112　查看导入网表路径

2. 找不到元器件封装

问题：导入网表时，出现以下错误提示：

#1　　WARNING（SPMHNI-192）：Device/Symbol check warning detected.［help］

WARNING（SPMHNI-194）：Symbol 'R0603' used by RefDes R1 for device '10K_R0603_10K' not found in PSMPATH or must be "dbdoctor" ed.

解决方法：找到元器件的封装文件，并将其保存在工程指定的库路径下。打开元器件的 .dra 文件（如 R0603.dra），执行菜单命令 File→Create Symbol，打开 Create Symbol 对话框，单击"保存"按钮，即可生成 R0603.psm 文件，如图 7-113 所示。

3. 缺少封装焊盘

问题：导入网表时，出现以下错误提示：

#1　　WARNING(SPMHNI-192)：Device/Symbol check warning detected。［help］
WARNING(SPMHNI-337)：Unable to load symbol 'DIP_20' for device' DIP_20_ DIP_20_ DIP_20'：
WARNING(SPMHUT-127)：Could not find padstack HDR2。［help］

解决方法：在库文件中打开 2X10P. dra 文件，执行菜单命令 File→Export→Libraries，打开 Export Libraries 对话框，如图 7-114 所示，勾选 No library dependencies 项，在 Export to directory 栏中将路径设置为当前设计的 PCB 封装库，然后单击 Export 按钮。

图 7-113　生成 .psm 文件

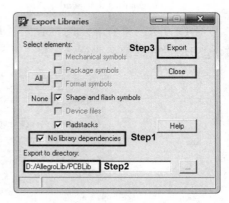

图 7-114　Export Libraries 对话框

 本章任务

完成本章的学习后，应能够参照 STM32 核心板实物，完成整个 STM32 核心板的 PCB 设计。

****

 本章习题

1. 简述 PCB 设计的流程。
2. 泪滴的作用是什么？
3. 覆铜的作用是什么？

第8章 创建元器件库

一名高效的硬件工程师通常会按照一定的标准和规范创建自己的元器件库①，这就相当于为自己量身打造了一款尖兵利器，这种统一和可重用的特点使得工程师在进行硬件电路设计时能够提高效率。对于企业而言，建立属于自己的元器件库就更为重要。在元器件库的制作及使用方面制定严格的规范，既可以约束和管理硬件工程师，又能加强产品硬件设计的规范，提升产品协同开发的效率。

可见，规范化的元器件库对于硬件电路的设计开发非常重要。尽管 Cadence Allegro 软件已经提供了丰富的元器件封装库资源，但由于元器件种类众多，且较分散，甚至有些元器件不包含在库中。因此，考虑到个性化的设计需求，有必要建立自己专属的、既精简又实用的元器件库。鉴于此，本章将以 STM32 核心板所使用到的元器件为例，重点讲解元器件库的制作。

每个元器件都有非常严格的标准，都与实际的某个品牌、型号一一对应，并且每个元器件都有完整的元器件信息（如编号、名称、类别、型号、封装规格、阻值/容值、电压、精度、焊盘数量、品牌产地、Value（值）、单价、备注）以及 PCB 封装和 3D 封装。这种按照严格标准制作的元器件库会让整个设计变得非常简单、可靠、高效。学习完本章后，读者可参照本书提供的标准，或对其进行简单的修改，来制作自己专属的元器件库。

学习目标：

➢ 掌握焊盘库的创建方法。
➢ 掌握原理图库的创建方法及元器件符号的制作方法。
➢ 掌握 PCB 封装库的创建方法及 PCB 封装的制作方法。

8.1 创建原理图库

原理图库由一系列元器件的图形符号组成。尽管 Cadence Allegro 软件提供了大量的元器件原理图符号，但是，在电路板设计过程中，仍有很多元器件原理图符号无法在库里找到。因此，设计者有必要掌握自行设计元器件原理图符号的技能，并能够建立属于自己的原理图库。

8.1.1 创建原理图库的流程

创建原理图库的流程（见图 8-1）包括：（1）新建原理图库；（2）新建元器件；（3）绘制元器件符号；（4）添加引脚（设置极

```
新建原理图库
（.OLB）
    ↓
新建元器件
    ↓
绘制元器件符号
    ↓
添加引脚（设置极性）
    ↓
添加元器件属性信息
```

图 8-1 创建元器件的
原理图库流程

---

① 这里的元器件库包括原理图库和 PCB 封装库。

性）；（5）添加元器件属性信息。如果需要在原理图库中添加不止一种元器件的原理图封装，可以通过重复（2）~（5）的操作来实现。

8.1.2　新建原理图库

如图 8-2 所示，在 OrCAD Capture CIS 软件中执行菜单命令 File→New→Library，即可新建一个原理图库。

可以看到，在 Design Resources 目录下新增了一个原理图库文件，系统默认的文件名为 library1.olb。为了保持名称一致性，将原理图库和 PCB 封装库统一命名为 STM32CoreBoard，不同类型的库通过后缀来区分。这里将默认的 library1.olb 重命名为 STM32CoreBoard.olb。具体操作是：在图 8-3 中，右键单击 library1.olb 文件，在右键快捷菜单中选择 Save As 命令。

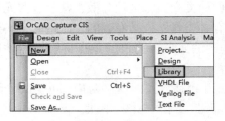

图 8-2　添加原理图库

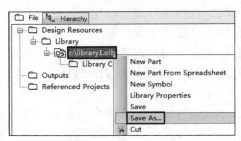

图 8-3　保存原理图库步骤 1

在 Save As 对话框中，选择保存路径 D:\STM32CoreBoardLib-V1.0.0-20171215\SCHLib，将原理图库文件命名为 STM32CoreBoard.olb，然后单击"保存"按钮。注意，保存库路径中不可使用中文。

图 8-4　保存原理图库步骤 2

8.1.3　在原理图库中新建元器件

右键单击原理图库文件，在右键快捷菜单中选择 New Part 命令，新建元器件，如图 8-5 所示。

在 New Part Properties 对话框中，根据待创建的元器件填写相关参数，如图 8-6 所示。各参数说明如下。

图 8-5　新建元器件

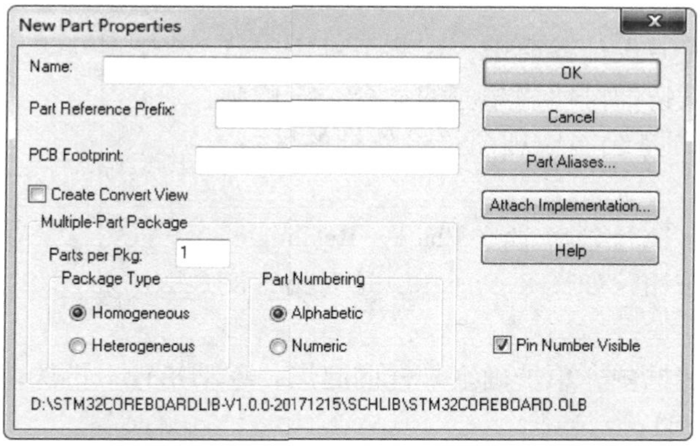

图 8-6　New Part Properties 对话框

Name：新建元器件的名称。

Part Reference Prefix：新建元器件编号的首字母。

PCB Footprint：新建元器件的 PCB 封装。

Multiple-Part Package：一个元器件包括多个部分（Part）。

PackageType：

● Homogeneous——多个 Part 外形相同。

● Heterogeneous——多个 Part 外形不同。

Part Numbering：

● Alphabetic——元器件编号以英文显示，元器件的引脚以字母显示。

● Numeric——元器件编号以数字显示，元器件的引脚以数字显示。

下面以新建电阻为例，讲解如何手动创建一个元器件。首先，在 New Part Properties 对话框中设置相关参数，如图 8-7 所示。

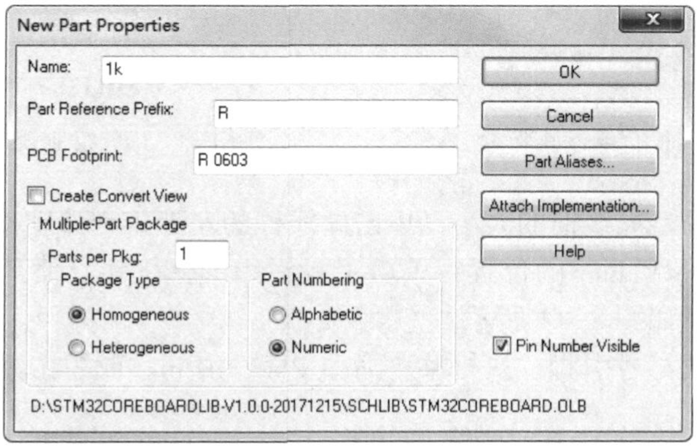

图 8-7　在 New Part Properties 对话框中设置参数

在 Name 栏中输入 1k；在 Part Reference Prefix 栏中输入 R，因为电阻在原理图中的编号为 R?，如 R1、R2；在 PCB Footprint 栏中输入 R 0603，表示 1kΩ 电阻的 PCB 封装为 0603；选择 Homogeneous 和 Numeric，然后单击 OK 按钮。

8.1.4　制作电阻原理图封装

1. 绘制元器件符号

在元器件原理图符号设计界面中，左侧工具栏中有多个快捷按钮，单击按钮即可使用相应的命令。右侧画布中的 R? <Value>部分是绘制原理图符号外框的区域，如图 8-8 所示。

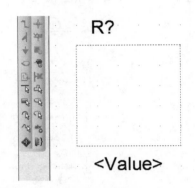

图 8-8　Part 电阻设计界面

首先，绘制外框。执行菜单命令 Place→Rectangle，或单击工具栏中的 按钮，如图 8-9 所示，这时指针变成十字形状。

然后，在画布虚线框中，单击确定外框的起点，移动指针，再次单击确定终点，绘制如图 8-10 所示的矩形外框。

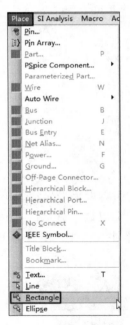

图 8-9　执行绘制矩形框

图 8-10　绘制矩形框

绘制好外框后，调整虚线框的大小，单击虚线框的左上角，移动指针，使虚线框的大小适中。同时调整 R? 和<Value>的位置，单击工具栏中的 按钮，使其变为红色，表示可随意挪动不受栅格限制，如图 8-11 所示。

然后，放置原理图符号引脚。执行菜单命令 Place→Pin，或单击工具栏中的 按钮，如图 8-12 所示。

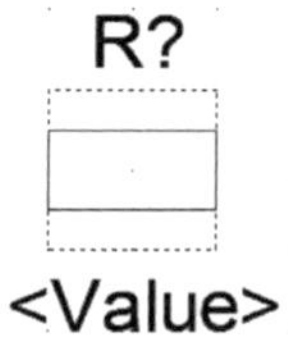

图 8-11　调整虚线框

图 8-12　放置引脚

打开 Place Pin 对话框，如图 8-13 所示，其中各参数的说明如下。

Name：引脚名称，输入 1。

Number：引脚对应的序号，输入 1。

Shape：引脚外形形式，选择 Short。

Type：引脚的电气类型，选择 Passive。

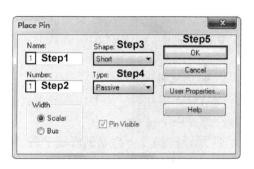

图 8-13　放置引脚设置

这时引脚显示在指针旁，单击虚线框的左边线，即可放置 1 号引脚。然后，移动鼠标，新的引脚会显示在指针旁，Name 和 Number 自动加 1，继续放置其他引脚。按 Esc 键可退出放置引脚命令。放置引脚后的效果图如图 8-14 所示。

电阻属于无极性元器件，可以将引脚序号和引脚名称隐藏起来，使原理图符号更加简洁。执行菜单命令 Options→Part Properties，如图 8-15 所示。

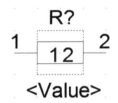

图 8-14　放置引脚后的效果图

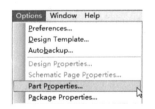

图 8-15　进入元器件属性设置

打开 User Properties 对话框，将 Pin Names Visible 和 Pin Numbers Visible 设置为 False，如图 8-16 所示，然后单击 OK 按钮，完成设置。

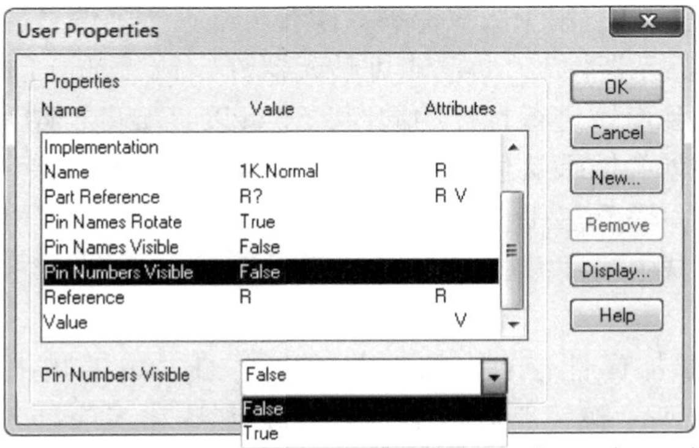

图 8-16　隐藏设置

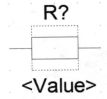

图 8-17　隐藏引脚序号
和引脚名称的效果图

将引脚序号和引脚名称隐藏后的效果图如图 8-17 所示。

说明：为了让初学者既无须建立自己的实体物料库，又能够方便使用规范的物料库，建议直接使用立创商城（www.szlcsc.com）的物料体系，并可直接从立创商城上进行物料采购。立创商城提供的物料体系较严谨、规范，且采购方便、价格实惠，基本可以实现一站式采购。读者只需要在焊接电路板之前或者交由工厂贴片时采购物料，既省时又节约成本，大大降低了学习电路设计和制作的门槛及成本。如果出现下架或缺货的情况，可以非常容易地找到可替代的元器件。由于本书引用了立创商城中的元器件编号，因此读者可以根据 STM32 核心板元器件清单上的元器件编号方便地采购所需的元器件。

2. 添加属性信息

绘制好元器件后，需要添加元器件属性信息，以便后续打样、备料、贴片等。应对每个元器件添加以下信息。

① 元器件编号：与立创商城中的商品编号一致，可以在立创商城中利用元器件编号快速搜索，一个编号对应一个元器件。

② 元器件名称：与立创商城中的商品名称基本一致。

③ 元器件类别：与立创商城中的商品类别一致。

④ 元器件型号：与立创商城中的厂家型号一致。

⑤ 封装规格：与立创商城中的封装规格一致。

⑥ 阻值（Ω）/容值（μF）：如果元器件为电阻，则输入阻值；如果为电容，则输入容值；如果既非电阻也非电容，则输入"＊"，表示忽略。

⑦ 电压：即电容的耐压值。如果非电容，则输入"＊"，表示忽略。

⑧ 精度：即元器件的精度值。

⑨ 焊盘数量：即元器件的焊盘数量。工厂通过焊盘数量来计算贴片的价格，便于后期计算成本。

⑩ 品牌产地：与立创商城中的品牌一致。

⑪ Value（值）：有值的元器件需要输入其值，如电阻值、电容值、电感值、晶振的振荡频率等。对于芯片、插件、开关等元器件，输入"＊"，表示忽略。

⑫ 单价/元（大批量）：与立创商城中的最大批量的价格一致，便于后期计算成本。

⑬ 原创：填写原创信息，用于版权保护，读者可根据实际信息填写。

⑭ 备注："立创可贴元器件""立创非可贴元器件"或"非立创元器件"。备注"立创可贴元器件"表示在立创商城进行打样的同时，还可以直接进行贴片；备注"立创非可贴元器件"表示可以在立创商城采购但是无法在立创商城贴片；备注"非立创元器件"表示立创商城没有该元器件，需要在其他地方采购。

本书选用了立创商城中编号为 C21190 的 1kΩ 电阻（0603 封装），其详细信息如图 8-18 所示。

下面给 1kΩ 电阻添加属性信息。执行菜单命令 Options→Part Properties ，打开 User Properties 对话框，单击 New 按钮新建属性。在 Name 栏中输入项目名称，这里输入"A. 元件编号"，在 Value 栏中输入从立创商城获取的元器件编号，这里输入"C21190"，单击 OK 按钮，完成对元器件编号的添加，如图 8-19 所示。

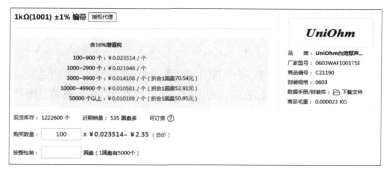

图 8-18　立创商城中 1kΩ 电阻（0603 封装）信息

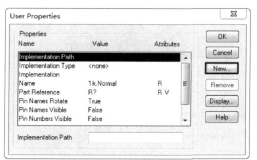

图 8-19　添加属性

依次添加其他属性，如图 8-20~图 8-22 所示。

图 8-20　添加 1kΩ 电阻属性信息 1　　　　图 8-21　添加 1kΩ 电阻属性信息 2

最终制作完成的 1kΩ 0603 电阻的原理图封装如图 8-23 所示。

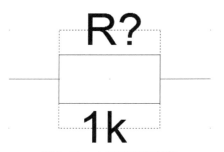

图 8-22　添加 1kΩ 电阻属性信息 3　　　　图 8-23　电阻原理图封装

8.1.5　制作发光二极管原理图封装

1. 新建元器件

参照 8.1.3 节介绍的方法，在原理图库中新建一个元器件，然后在 New Part Properties 对话框中设置相关参数，如图 8-24 所示，这里以制作蓝色发光二极管为例。

图 8-24　在 New Part Properties 对话框中设置相关参数

在 Name 栏中输入 LED_BLUE。发光二极管的原理图符号在原理图中的编号为 LED，PCB 封装为 LED0805，发光二极管的原理图符号只有一部分，因此选择 Homogeneous 和 Numeric，然后单击 OK 按钮。

2. 绘制元器件符号

执行菜单命令 Place→Ployline，或单击工具栏中的 按钮，参照 8.1.4 节中绘制矩形框的方法，绘制三角形框，如图 8-25 所示。注意按 Shift 键可以切换成 45°角。绘制完成后，按 Esc 键退出绘制命令。然后，双击三角形的边，在弹出的 Edit Filled Graphic 对话框中，在 Fill Style 下拉列表中选择 Solid 进行三角形填充，如图 8-25 所示，单击 OK 按钮即可完成填充。填充后的效果如图 8-26 所示。

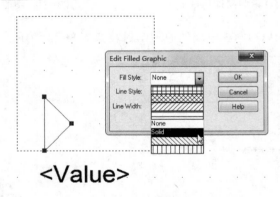

图 8-25　绘制三角形并填充

按照图 8-27 所示，绘制完成发光二极管的符号，然后调整虚线框的大小，并把 LED?和<Value>移至合适的位置。

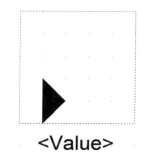

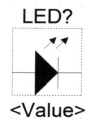

图 8-26　填充后效果图　　　　　　　图 8-27　绘制完成效果图

3. 设置引脚极性

发光二极管有正负极之分，如图 8-28 所示。

图 8-28　发光二极管极性示意图

执行菜单命令 Place→Pin，或单击工具栏中的 按钮，在弹出的 Place Pin 对话框中输入参数，进行引脚设置，如图 8-29 所示。在 Name 栏中输入 CATHODE，表示阴极，在 Number 栏中输入 1，Shape 选择 Short，Type 选择 Passive，单击 OK 按钮。然后，在虚线框的右边单击放置 1 号引脚，再单击鼠标右键，在右键快捷菜单中选择 Edit Properties 命令，编辑 1 号引脚的属性，如图 8-30 所示。

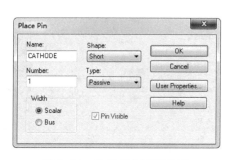

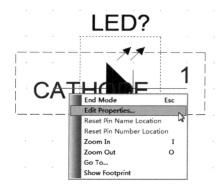

图 8-29　设置阴极引脚参数　　　　　　图 8-30　编辑 1 号引脚属性

按照图 8-31 所示设置阳极引脚参数。在 Name 栏中输入 ANODE，表示阳极，在 Number 栏中输入 2，Shape 选择 Short，Type 选 Passive。

由于可以通过观察二极管符号的朝向来识别其引脚序号和正极、负极，因此在设计中可以隐藏引脚的序号和名称，如图 8-32 所示。

4. 添加属性信息

添加蓝色发光二极管的属性信息，先在立创商城搜索商品编号为 C84259 的元器件，获取相关信息，如图 8-33 所示。

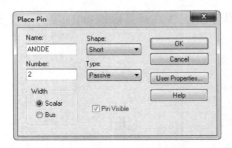

图 8-31 设置阳极引脚参数

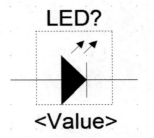

图 8-32 隐藏引脚序号和名称

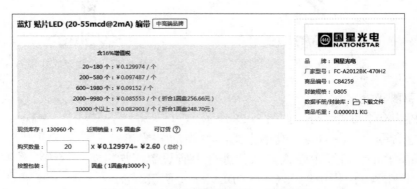

图 8-33 立创商城蓝色发光二极管信息

参照给电阻添加属性信息的方法，根据上述信息，添加如图 8-34～图 8-36 所示的蓝色发光二极管的属性信息。

图 8-34 添加蓝色发光二极管属性信息步骤 1

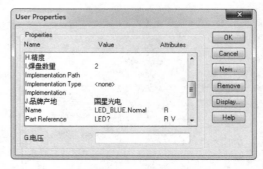

图 8-35 添加蓝色发光二极管属性信息步骤 2

图 8-36 添加蓝色发光二极管属性信息步骤 3

最终完成的蓝色发光二极管原理图封装如图 8-37 所示。

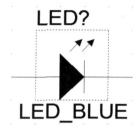

图 8-37　蓝色发光二极管原理图封装

8.1.6　制作简牛原理图封装

1. 新建元器件

新建一个元器件，然后在弹出的 New Part Properties 对话框中设置相关参数，如图 8-38 所示。

图 8-38　在 New Part Properties 对话框中设置相关参数

在 Name 栏中输入 Box header 20P，简牛的原理图符号在原理图中的编号为 J，PCB 封装为 DIP_20，简牛的原理图符号只有一部分，因此选择 Homogeneous 和 Numeric。然后单击 OK 按钮。

2. 绘制元器件符号

执行菜单命令 Place→Rectangle，绘制简牛原理图符号的外框，边长分别为 1.1inches 和 0.9inches，如图 8-39 所示。

执行菜单命令 Place→Pin Array，或单击工具栏中的■按钮，在弹出的 Place Pin Array 对话框中输入参数进行引脚设置，如图 8-40 所示。各参数说明如下。

Starting Name：起始引脚名称，输入 1。

Starting Number：起始引脚序号，输入 1。

Number of Pins：引脚数量，输入简牛一侧的引脚数量 10。

Increment：引脚序号递增值，输入 2。

Pin Spacing：引脚摆放之间的间距，输入 1。

Shape 选择 Line，Type 选择 Passive。

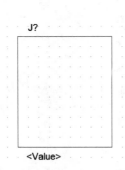

图 8-39　绘制简牛外框

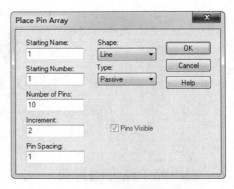

图 8-40　放置简牛引脚设置

设置完成，单击 OK 按钮。然后把引脚放置在外框的左侧，放置完成后双击引脚，在弹出的 Pin Properties 对话框中，在 Name 栏中修改引脚名称，如图 8-41 所示。

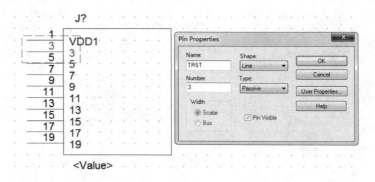

图 8-41　放置引脚并修改引脚名称

以同样的方法添加简牛的其他引脚，添加完成后的效果如图 8-42 所示。

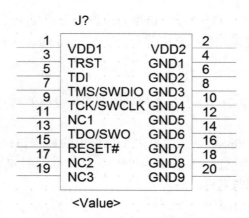

图 8-42　添加完引脚的简牛效果图

3. 添加属性信息

添加简牛的属性信息，先在立创商城搜索商品编号为 C3405 的元器件，获取相关信息，如图 8-43 所示。

图 8-43　立创商城简牛信息

根据立创商城提供的信息，添加简牛的属性信息，如图 8-44 至图 8-46 所示。

图 8-44　添加简牛属性信息步骤 1

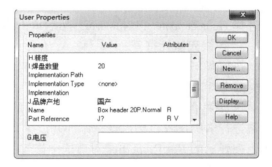

图 8-45　添加简牛属性信息步骤 2

最终完成的简牛原理图封装如图 8-47 所示。

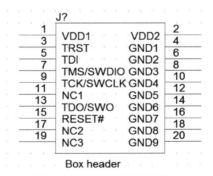

图 8-46　添加简牛属性信息步骤 3　　　　　　　图 8-47　简牛原理图封装

8.1.7　制作 STM32F103RCT6 芯片原理图封装

1. 新建元器件

打开 OrCAD Capture CIS 软件，执行菜单命令 File→Design Resources，在设计资源面板中右键单击库文件 STM32CoreBoard.OLB，在右键快捷菜单中选择 New Part，打开 New Part

Properties 对话框，按照图 8-48 所示进行参数设置。

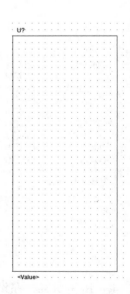

图 8-48　在 New Part Properties 对话框中设置参数

在 Name 栏中输入 STM32F103RCT6，STM32F103RCT6 芯片的原理图符号在原理图中的编号为 U，PCB 封装为 LQFP_64，由于 STM32F103RCT6 芯片的原理图符号只有一部分，因此选择 Homogeneous 和 Numeric，然后单击 OK 按钮。

2. 绘制元器件符号

执行菜单命令 Place→Rectangle，绘制 STM32F103RCT6 原理图符号的外框，边长分别为 3.6inches 和 1.6inches，如图 8-49 所示。

执行菜单命令 Place→Pin，或单击工具栏中的 按钮，在弹出的 Place Pin 对话框中输入参数进行引脚设置，然后逐一添加并设置其余引脚。也可以连续添加完全部引脚后，双击引脚，在弹出的 Pin Properties 对话框中修改引脚名称。绘制好的 STM32F103RCT6 原理图符号如图 8-50 所示。

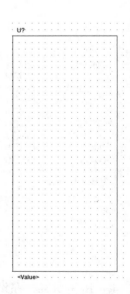

图 8-49　绘制矩形框

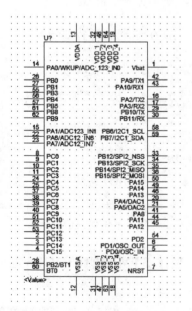

图 8-50　STM32F103RCT6 原理图符号

3. 添加属性信息

添加 STM32F103RCT6 的属性信息，先在立创商城搜索商品编号为 C8323 的元器件，获取相关信息，如图 8-51 所示。

图 8-51　立创商城 STM32F103RCT6 信息

根据立创商城提供的信息，添加 STM32F103RCT6 的属性信息，如图 8-52～图 8-54所示。

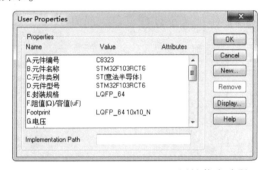

图 8-52　添加 STM32F103RCT6 属性信息步骤 1

图 8-53　添加 STM32F103RCT6 属性信息步骤 2

最终完成的 STM32F103RCT6 原理图封装如图 8-55 所示。

图 8-54　添加 STM32F103RCT6 属性信息步骤 3

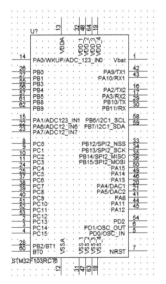

图 8-55　STM32F103RCT6 原理图封装

8.2　创建 PCB 封装库

PCB 封装库（简称 PCB 库）由一系列元器件的封装组成。元器件的封装在 PCB 上通常表现为一组焊盘、丝印层上的外框及芯片的说明文字。焊盘是封装中最重要的组成部分之一，用于连接元器件的引脚。丝印层上的外框和说明文字主要起指示作用，指明焊盘所对应的芯片，方便电路板的焊接。尽管 Cadence Allegro 软件提供了大量的 PCB 封装，但是，在电路板设计过程中，仍有很多 PCB 封装无法在库里找到，而且 Cadence Allegro 软件提供的许多 PCB 封装的尺寸不一定满足设计者的需求。因此，设计者有必要掌握设计 PCB 封装的技能，并能够建立自己的 PCB 封装库。

8.2.1　创建 PCB 库的流程

创建 PCB 库的流程（见图 8-56）包括：（1）新建元器件焊盘；（2）制作 PCB 封装；（3）设置焊盘参数；（4）添加焊盘；（5）绘制 2D 线，添加文本标注；（6）添加位号。

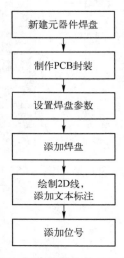

图 8-56　创建元器件的 PCB 库流程

8.2.2　新建焊盘

Cadence Allegro 软件需要先利用 Pad Designer 软件新建焊盘，然后在新建 PCB 封装时调用焊盘。双击 Pad Designer 图标，启动软件，如图 8-57 所示。

图 8-57　Pad Designer 图标

打开如图 8-58 所示的对话框，Parameters 标签页中的部分参数介绍如下。

Units（单位）：常使用 Millimeter（公制）、Mils（密尔）。

Decimal places（小数点后的位数）：指精度。公制单位精确到小数点后 4 位，密尔单位精确到小数点后 2 位。

Hole type（孔类型）：Circle Drill（圆孔），Oval slot（椭圆孔），Rectangle Slot（矩形孔）。

Plating（电镀）：Plated（要焊接的金属化过孔），Non-Plated（用作定位孔，无须焊接的非金属化过孔）。

Drill diameter：孔径的大小和槽孔的长、宽。

Tolerance：孔径公差。

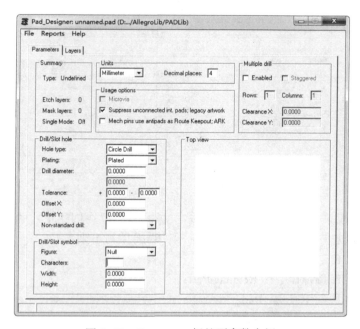

图 8-58　Parameters 标签页参数介绍

打开 Layers 标签页，切换到焊盘层，其中部分参数介绍如下。

Regular Pad：正片焊盘，用在 Begin Layer、Default Internal 和 End Layer 中。常见的各种元器件封装焊盘在 Top 层和 Bottom 层就采用 Regular Pad。

Thermal Relief：热风焊盘或花焊盘，在负片中有效。用于负片中焊盘与覆铜的连接方式。

Anti Pad：隔离盘或负焊盘，在负片中有效。用于负片中焊盘与覆铜的隔离。

SOLDERMASK：阻焊层，使焊盘裸露出来，表示需要焊接的地方。

PASTEMASK：钢网开窗大小。

Geometry：焊盘形状，包括 Circle（圆形）、Square（方形）、Oblong（手指形）、Rectangle（矩形）、Octagon（八角形）、Shape（异形）。

如果制作的是表面贴片元器件的焊盘，如图 8-59 所示，须勾选 Singel layer mode 项，并填写下列参数：

● BEGIN LAYER 层的 Regular Pad；

● SOLDERMASK_TOP 层的 Regular Pad，阻焊层焊盘的长和宽要比实际焊盘的长和宽分别大 0.1mm；

● PASTEMASK_TOP 层的 Regular Pad。

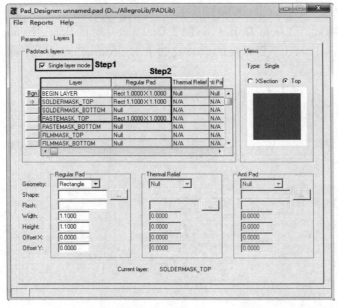

图 8-59　举例——表面贴片焊盘 Layers 标签页参数设置

因为两层电路板只有正片，负片是针对多层板的，所以在创建正片的通孔焊盘时不需要对热风焊盘和负焊盘进行设置。如图 8-60 所示，需要填写下列参数：

- BEGIN LAYER 层的 Regular Pad；
- DEFAULT INTERNAL 层的 Regular Pad；
- END LAYER 层的 Regular Pad；
- SOLDEMASK_TOP 层和 SOLDEMASK_BOTTOM 层的 Regular Pad，阻焊层焊盘要比正片焊盘大 0.1mm；

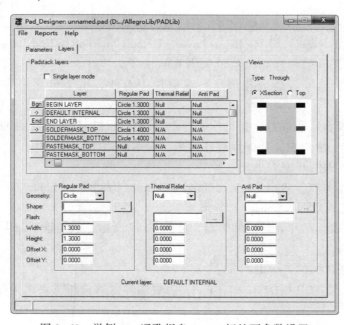

图 8-60　举例——通孔焊盘 Layers 标签页参数设置

设置完成后，执行菜单命令 File→Save，对焊盘进行重命名并保存，如图 8-61 所示。

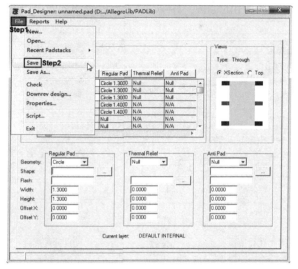

图 8-61　保存焊盘

8.2.3　制作电阻 PCB 封装

8.2.2 节详细介绍了 Pad Designer 软件的使用，本节开始介绍如何制作 0603 电阻的 PCB 封装。电阻只有两个引脚，封装形式简单，封装的命名（R 0603）分为两部分，其中 R 代表 Resistance（电阻），0603 代表封装的尺寸为 60mil×30mil。0603 封装电阻的尺寸和规格如图 8-62、图 8-63 所示。

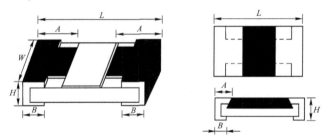

图 8-62　电阻尺寸图

Type	70℃ Power	Dimension（mm）					Resistance Range			
		L	W	H	A	B	0.5%	1.0%	2.0%	5.0%
01005	1/32W	0.40± 0.02	0.20± 0.02	0.13± 0.02	0.10± 0.05	0.10± 0.03	—	10Ω～10MΩ	10Ω～10MΩ	10Ω～10MΩ
0201	1/20W	0.60± 0.03	0.30± 0.03	0.23± 0.03	0.10± 0.05	0.15± 0.05	—	1Ω～10MΩ	1Ω～10MΩ	1Ω～10MΩ
0402	1/16W	1.00± 0.10	0.50± 0.05	0.35± 0.05	0.20± 0.10	0.25± 0.10	1Ω～10MΩ	0.2Ω～22MΩ	0.2Ω～22MΩ	0.2Ω～22MΩ
0603	1/10W	1.60± 0.10	0.80± 0.10	0.45± 0.10	0.30± 0.20	0.30± 0.20	1Ω～10MΩ	0.1Ω～33MΩ	0.1Ω～33MΩ	0.1Ω～100MΩ
0805	1/8W	2.00± 0.15	1.25 +0.15 −0.10	0.55± 0.10	0.40± 0.20	0.40± 0.20	1Ω～10MΩ	0.1Ω～33MΩ	0.1Ω～33MΩ	0.1Ω～100MΩ

图 8-63　电阻封装规格大小

首先创建焊盘，打开 Pad Designer 软件，在 Pad_Designer 对话框中选择 Parameters 标签页。在 Units 下拉列表中选择 Millimeter，Decimal places 为 4，如图 8-64 所示。

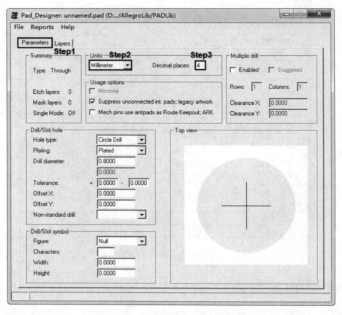

图 8-64　创建 0603 电阻焊盘

单击 Layers 标签页，切换到焊盘层设置，勾选 Single layer mode 项。BEGIN LAYER 层焊盘设置为 Rect 0.9500×0.8500，在 Geometry 下拉列表中选择 Rectangle。图 8-62、图 8-63 所给的是实物的尺寸，在设计焊盘时需要进行一定量的补偿，如图 8-65 所示。

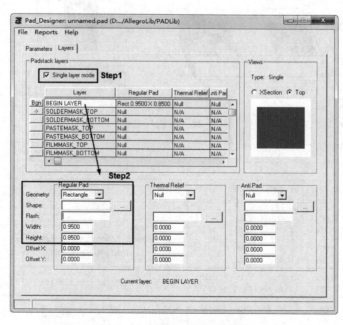

图 8-65　电阻正片焊盘设计

可以将设置好的 BEGIN LAYER 层复制到钢网层，右键单击 Bgn，在右键快捷菜单中选择 Copy 命令，如图 8-66 所示。

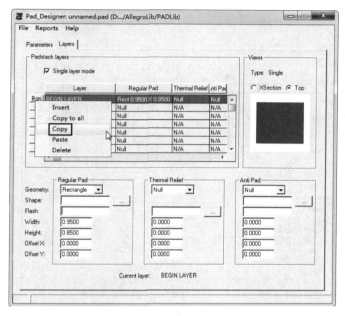

图 8-66　复制 BEGIN LAYER 层

然后，右键单击 PASTEMASK_TOP 层左侧的矩形框，在右键快捷菜单中选择 Paste 命令，如图 8-67 所示。

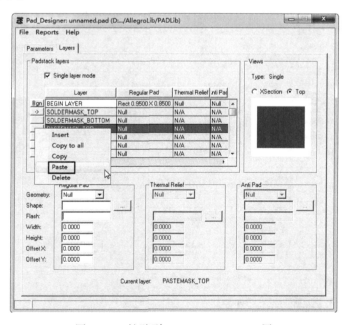

图 8-67　粘贴到 PASTEMASK_TOP 层

SOLDERMASK_TOP 层需要在正片焊盘的基础上长和宽分别增大 0.1mm，需要手动设置，如图 8-68 所示。

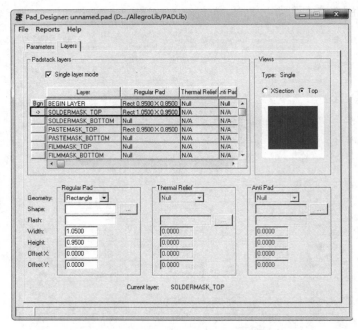

图 8-68 设置 SOLDERMASK_TOP 层

焊盘设置好之后，需要检查无误才可以保存。如图 8-69 所示，执行菜单命令 File→Check，若检查无误，可在对话框的左下方看到 "Pad stack has no problems"。

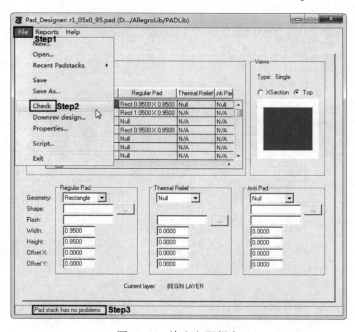

图 8-69 检查电阻焊盘

对设置好的焊盘进行保存，执行菜单命令 File→Save As，如图 8-70 所示。在弹出的 Pse_Save_As 对话框中，选择保存路径，并对焊盘重命名。SMD（贴片）矩形焊盘的命名格式如下：R+width×height。

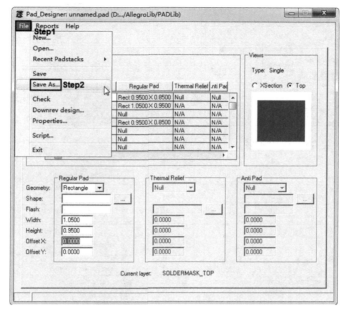

图 8-70　保存电阻焊盘

本例中，0603 电阻焊盘可以命名为：R0_95×0_85，如图 8-71 所示。保存路径为 D:\STM32CoreBoardLib-V1.0.0-20171215\PADLib。

图 8-71　选择电阻焊盘保存路径和重命名焊盘

焊盘创建完成后，开始新建 PCB 封装。打开 PCB Editor 软件，执行菜单命令 File→New，打开 New Drawing 对话框，在 Drawing Name 栏中输入封装名称 R0603，单击 Browse 按钮，保存在 D:\STM32CoreBoardLib-V1.0.0-20171215\PCBLib 目录下。然后，在 Drawing Type 下拉列表中选择 Package symbol。最后单击 OK 按钮，如图 8-72 所示。

设置软件设计参数，执行菜单命令 Setup→Design Parameters，如图 8-73 所示。在弹出的 Design Parameter Editor 对话框中，选择 Design 标签页，将 User units 设为 Millimeter，Accuracy 设为 4，如图 8-74 所示。

设置库路径，执行菜单命令 Setup→User Preferences，如图 8-75 所示。

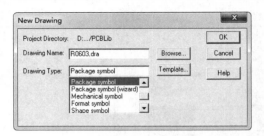

图 8-72 新建 0603 电阻封装

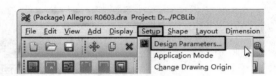

图 8-73 进入设计参数设置

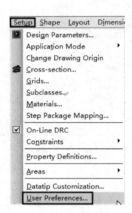

图 8-74 单位切换与精度修改

图 8-75 设置库路径

打开 User Preferences Editor 对话框，在 Paths 目录下单击 Library，在右侧设置页中分别单击 devpath、padpath、psmpath 对应的 Value 栏中的按钮，指定新建焊盘时焊盘的保存路径，如图 8-76~图 8-78 所示。

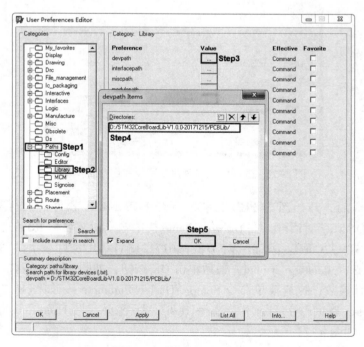

图 8-76 设置 devpath 路径

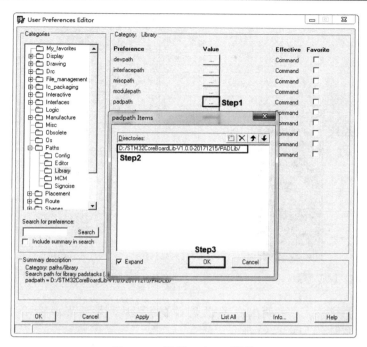

图 8-77 设置 padpath 路径

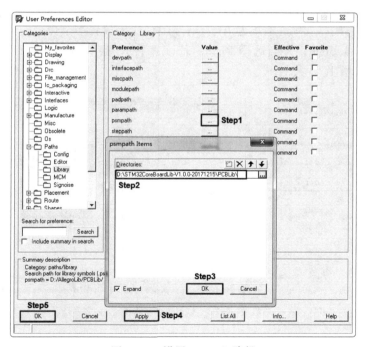

图 8-78 设置 psmpath 路径

重新设置画布原点，执行菜单命令 Setup→Change Drawing Origin，然后在画布的中心位置单击，即可完成原点的设置，如图 8-79 所示。

设置栅格，执行菜单命令 Setup→Grids，在 Define Grid 对话框中将栅格设置为 0.1，如图 8-80 所示。

图 8-79　设置原点

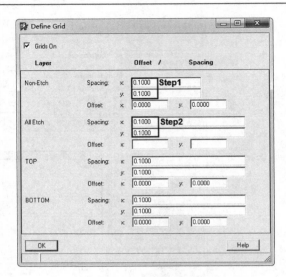

图 8-80　设置栅格

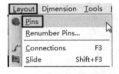

图 8-81　选择焊盘

调出之前已创建的焊盘，执行菜单命令 Layout→Pins，如图 8-81 所示。

打开 Options 对话框，如图 8-82 所示。通过计算，可以得出 0603 电阻封装的两个焊盘中心间距是 1.6mm。

在 X 栏中，Qty 为 2，代表放置 2 个焊盘；Spacing 为 1.6，代表焊盘中心间距为 1.6mm；方向选择 Right，代表靠右放置；Pin 为 1，Inc 为 1 表示引脚号从 1 开始，每次递增 1。

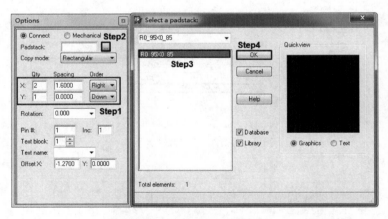

图 8-82　Options 对话框

这时会看到焊盘悬挂在指针旁，按空格键可以进行 90° 旋转。然后，在命令栏中输入 "x -0.8 0"，如图 8-83 所示，这样可将原点置于两个焊盘的中间。

按 Enter 键，将在原点处放置 2 个焊盘。然后单击鼠标右键，在右键快捷菜单中选择 Done 命令，结束放置，如图 8-84 所示。

图 8-83　输入 Command
命令-电阻

接下来，绘制丝印层 2D 线。首先设置丝印颜色，这里将顶层丝印设置为黄色。单击工具栏中的 ▓ 按钮，在弹出的 Color Dialog 对话框中进行设置，设置方法与第 7 章的图层颜色设置方法相同，此处不再详细介绍。

绘制丝印层 2D 线，单击工具栏中的 ＼（Add Line）按钮，在 Options 面板中将 Active Class 设为 Package Geometry，Subclass 设为 Silkscreen_Top，Line width 设为 0.1524（6mil），如图 8-85 所示。

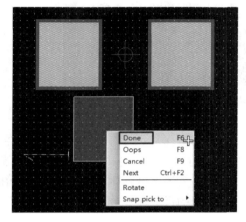

图 8-84　放置电阻焊盘

图 8-85　丝印层 Options 设置

在合适的位置单击开始绘制，在需要拐弯的地方再次单击，要结束绘制时单击鼠标右键，在右键快捷菜单中选择 Done 命令。绘制好的丝印层 2D 线如图 8-86 所示。

绘制装配层 2D 线，单击工具栏中的 ＼（Add Line）按钮。在 Options 面板中将 Active Class 设为 Package Geometry，Subclass 设为 Assembly_Top，Line width 设为 0，如图 8-87 所示。

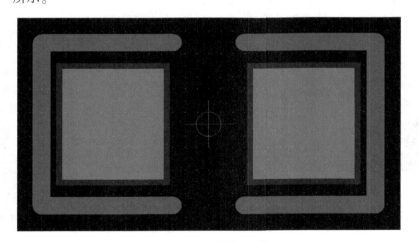

图 8-86　丝印层 2D 线

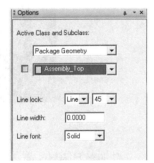

图 8-87　装配层 Options 设置

装配框的尺寸与元器件实物尺寸相同。由图 8-62、图 8-63 可以看出，如果原点在元器件中心，则元器件的四个顶点的坐标分别为 (0.8, 0.5)、(0.8, -0.5)、(-0.8, 0.5)、(-0.8-0.5)，绘制完成后如图 8-88 所示。

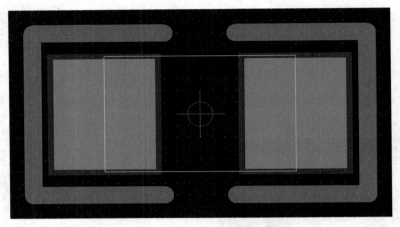

图 8-88　装配层 2D 线

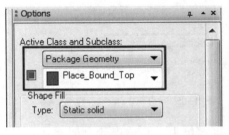

图 8-89　安全摆放区 Options 设置

　　元器件的安全摆放区用于表明该元器件在电路板上所占位置的大小，防止其他元器件将其覆盖。若其他元器件进入该区域，则系统自动提示 DRC 报错，安全摆放区的尺寸应比元器件实物略大。

　　单击工具栏中的 ▣（Shape Add Rectangle）按钮。在 Options 面板中将 Active Class 设为 Package Geometry，Subclass 设为 Place_Bound_Top，如图 8-89 所示。绘制完成后如图 8-90 所示。

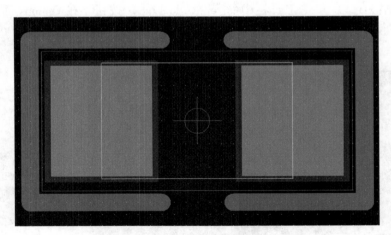

图 8-90　安全摆放区

　　添加丝印层位号，单击工具栏中的 ▦（Add Text）按钮，在 Options 面板中将 Active Class 设为 Ref Des，Subclass 设为 Silkscreen_Top，然后单击元器件的上方，当出现一个白色矩形框时，输入 R＊，如图 8-91 所示。

　　至此，电阻 PCB 封装制作完成。执行菜单命令 File→Save 进行保存，如图 8-92 所示，.psm 文件将自动生成在 .dra 文件的同级目录中，如图 8-93 所示。

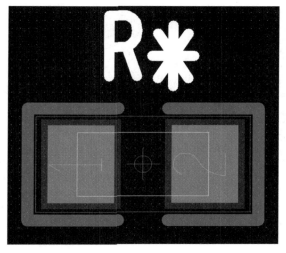

图 8-91　添加电阻丝印层位号

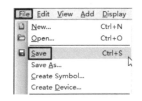

图 8-92　保存电阻 PCB 封装

图 8-93　文件目录

8.2.4　制作蓝色发光二极管 PCB 封装

蓝色发光二极管的封装尺寸如图 8-94 所示。

打开 Pad Designer 软件，在 Pad_Designer 对话框中选择 Parameters 标签页。在 Units 下拉列表中选择 Millimeter，Decimal places 设为 4。

打开 Layers 标签页，勾选 Single layer mode 项，设置为贴片焊盘模式。将 BEGIN LAYER 层焊盘设置为 Rect 0.8000×1.2000，在 Geometry 下拉列表中选择 Rectangle，如图 8-95 所示。

将设置好的 BEGIN LAYER 层复制到 PASTEMASK_TOP 层，如图 8-96 所示。

将 SOLDERMASK_TOP 层设置为 Rect 0.9000×1.3000，如图 8-97 所示。

执行菜单命令 File→Check，检查焊盘，检查无误即可保存焊盘。执行菜单命令 File→Save As，在 Pse_Save_As 对话框中选择存储路径并对焊盘重命名，蓝色发光二极管焊盘可以命名为：R0_8×1_2；保存路径为 D:\STM32CoreBoardLib-V1.0.0-20171215\PADLib，如图 8-98 所示。

焊盘创建完成后，开始新建 PCB 封装。打开 PCB Editor 软件，执行菜单命令 File→New，打开 New Drawing 对话框，在 Drawing Name 栏中输入封装名称 LED0805，单击 Browse 按钮，保存在 D:\STM32CoreBoardLib-V1.0.0-20171215\PCBLib 目录下。然后，在 Drawing Type 下拉列表中选择 Package symbol。最后单击 OK 按钮，如图 8-99 所示。

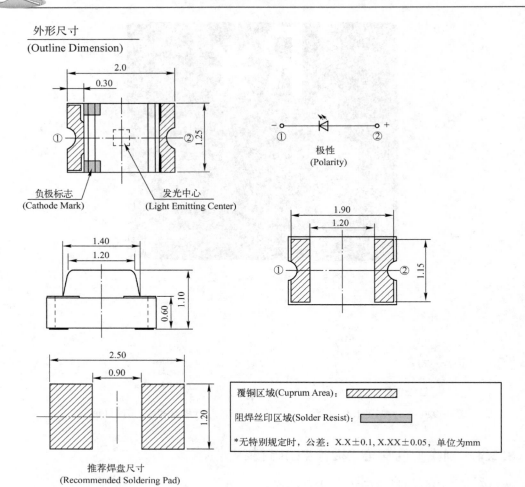

图 8-94　蓝色发光二极管的封装尺寸

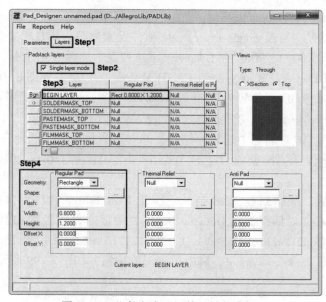

图 8-95　蓝色发光二极管正片焊盘设置

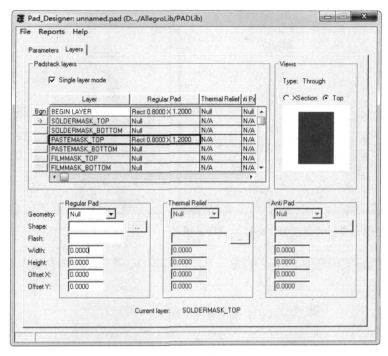

图 8-96　设置蓝色发光二极管 PASTEMASK_TOP 层

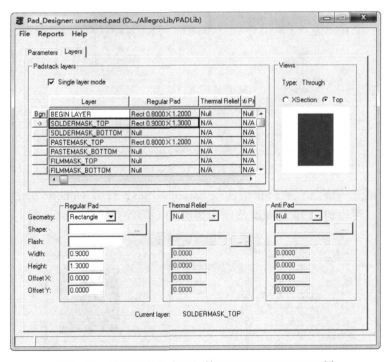

图 8-97　设置蓝色发光二极管 SOLDERMASK_TOP 层

 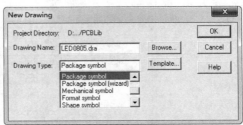

图 8-98　选择蓝色发光二极管焊盘保存路径和重命名焊盘　　图 8-99　新建 0805 发光二极管封装

设置栅格，执行菜单命令 Setup→Grids，勾选 Grids On 项，将栅格设置为 0.1，如图 8-100 所示。

图 8-100　设置栅格

调出之前已创建的焊盘，执行菜单命令 Layout→Pins，打开 Options 对话框，如图 8-101 所示。通过计算，可以得出 LED0805 的两个焊盘中心间距是 1.7 mm。

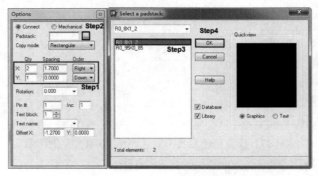

图 8-101　Options 对话框

在 X 栏中，Qty 为 2，代表放置 2 个焊盘；Spacing 为 1.7，代表焊盘中心间隔 1.7 mm 放置；方向选择 Right，代表靠右放置；Pin 为 1，Inc 为 1。

图 8-102　输入 Command 命令-发光二极管

在命令栏中输入："x-0.85 0"，如图 8-102 所示，可以将原点置于两个焊盘的中间。

按 Enter 键放置焊盘。然后单击鼠标右键，在右键快捷菜单中选择 Done 命令，结束放置，如图 8-103 所示。

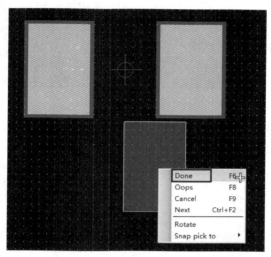

图 8-103　放置发光二极管焊盘

接下来，绘制丝印层 2D 线。单击工具栏中的 ╲ 按钮，在 Options 面板中将 Active Class 设为 Package Geometry，Subclass 设为 Silkscreen_Top，Line width 设为 0.1524（6mil）。

在合适的位置单击，开始绘制，在需要拐弯的地方再次单击，要结束绘制时单击鼠标右键，在右键快捷菜单中选择 Done 命令。绘制三角形时，在 Options 面板中将 Line lock 设置为 0。1 号焊盘为负极，所以在 PCB 封装的左边添加丝印标识。绘制好的丝印层 2D 线如图 8-104 所示。

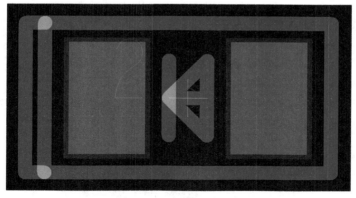

图 8-104　丝印层 2D 线

绘制装配层 2D 线，单击工具栏中的 ╲ 按钮。在 Options 面板中将 Active Class 设为 Package Geometry，Subclass 设为 Assembly_Top，Line width 设为 0。

装配框的尺寸与元器件实物尺寸相同。元器件的四个顶点的坐标分别为（1，0.625），（1，-0.625），（-1，-0.625），（-1，0.625），绘制完成后如图 8-105 所示。

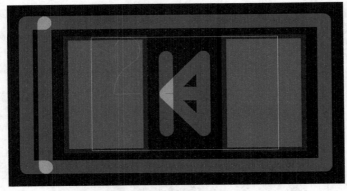

图 8-105　装配层 2D 线

绘制元器件的安全摆放区。单击工具栏中的 ▢ 按钮，在 Options 面板中将 Active Class 设为 Package Geometry，Subclass 设为 Place_Bound_Top，绘制完成后如图 8-106 所示。

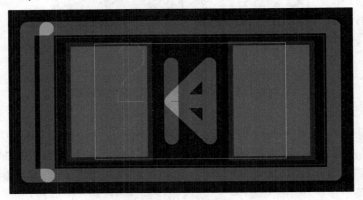

图 8-106　安全摆放区

添加丝印层位号。单击工具栏中的 ▣ 按钮，在 Options 面板中将 Active class 设为 Ref Des，Subclass 设为 Silkscreen_Top，然后单击元器件的上方，当出现一个白色矩形框时，输入 LED *，如图 8-107 所示。

图 8-107　添加发光二极管丝印层位号

至此，发光二极管的 PCB 封装已制作完成，执行菜单命令 File→Save 进行保存。

8.2.5　制作简牛 PCB 封装

简牛的封装尺寸如图 8-108 所示。

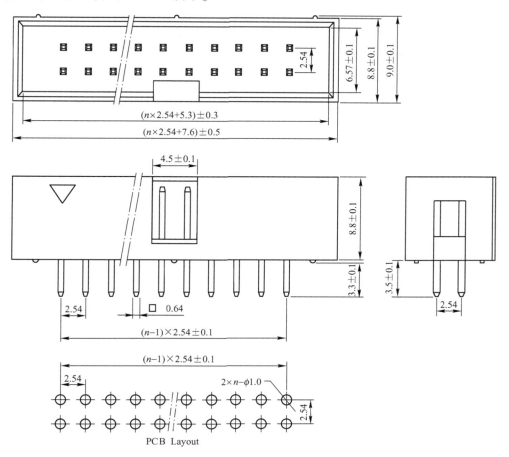

图 8-108　简牛封装尺寸（单位：mm）

首先绘制焊盘，启动 Pad Designer 软件，在 Pad_Designer 对话框中选择 Parameters 标签页。在 Units 下拉列表中选择 Millimeter，Decimal places 设为 4，如图 8-109 所示。Hole type 选择 Circle Drill，Plating 选择 Plated，Drill diameter 设为 1，表示孔的直径是 1mm。

再打开 Layers 标签页，设置焊盘层，Geometry 选择 Circle，如图 8-110 所示。

焊盘设置好之后，检查焊盘无误，然后保存。圆形通孔焊盘可以按以下格式进行命名：C+外径+D+内径。本例中圆形通孔焊盘可以命名为：C1_8D1，如图 8-111 所示。

对于直插元器件，通常把 1 号引脚设置为正方形，以便与其他引脚区分开。1 号引脚的通孔焊盘的边长与圆形通孔焊盘的直径相等，将 1 号引脚命名为 S1_8D1。

焊盘创建完成后，开始新建 PCB 封装。打开 PCB Editor 软件，执行菜单命令 File → New，打开 New Drawing 对话框，在 Drawing Name 栏中输入封装名称 DIP_20P，然后单击 Browse 按钮，将其保存在 D:\STM32CoreBoardLib-V1.0.0-20171215\PCBLib 目录下。然后，在 Drawing Type 下拉列表中选择 Package symbol。最后单击 OK 按钮，如图 8-112 所示。

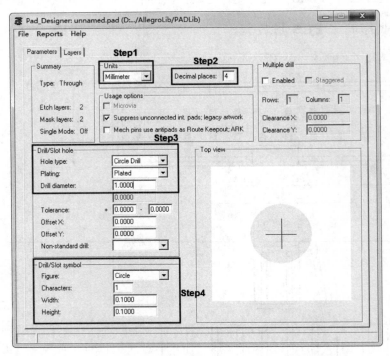

图 8-109　创建简牛焊盘步骤 1

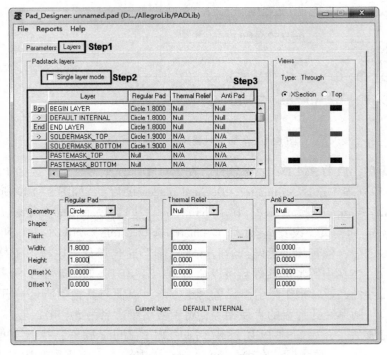

图 8-110　创建简牛焊盘步骤 2

图 8-111　选择简牛焊盘保存路径和重命名焊盘

图 8-112　新建简牛 PCB 封装

设置栅格。执行菜单命令 Setup→Grids，勾选 Grid On 项，将栅格设置为 2.54。

调出焊盘，执行菜单命令 Layout→Pins，打开 Options 对话框，如图 8-113 所示。首先放置简牛的 1 号引脚焊盘，在 X 栏中，设置 Qty 为 1，Spacing 为 0；在 Y 栏中，设置 Qty 为 1，Spacing 为 0。焊盘类型选择正方形的通孔焊盘 S1_8D1。

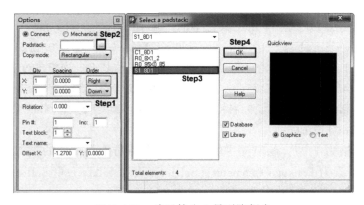

图 8-113　放置简牛 1 号引脚焊盘

在命令栏中输入："x 0 0"，"x 0 0"，然后按 Enter 键，放置 1 号焊盘。单击鼠标右键，在右键快捷菜单中选择 Done 命令，结束放置，如图 8-114 所示。

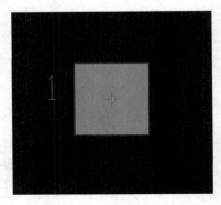

图 8-114　简牛 1 号焊盘

参照上述方法，依次放置其余焊盘，焊盘类型选择 C1_8D1，如图 8-115 所示。

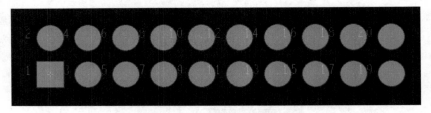

图 8-115　放置简牛焊盘

重新设置原点位置，执行菜单命令 Setup→Change Drawing Origin，将原点置于所有焊盘的中心，如图 8-116 所示。

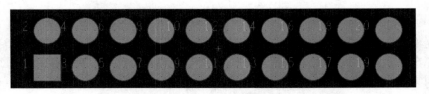

图 8-116　重新设置简牛原点

然后，绘制丝印层 2D 线。单击工具栏中的 ＼ 按钮，在 Options 面板中将 Active Class 设为 Package Geometry，Subclass 设为 Silkscreen_Top，Line width 设为 0.1524（6mil）。

设置栅格为 0.1，以 PCB 中心为原点，通过计算，得出 4 个顶点的坐标分别为（16.75，4.55），（-16.75，4.55），（-16.75，-4.55），（16.75，-4.55）。在命令栏中输入坐标后，单击开始绘制，绘制结束时单击鼠标右键，在右键快捷菜单中选择 Done 命令。顶层丝印 2D 线绘制完成后如图 8-117 所示。

接着，设置栅格为 1.27，绘制简牛的底层丝印。单击工具栏中的 ＼ 按钮，在 Options 面板中将 Active Class 设为 Package Geometry，Subclass 设为 Silkscreen_Bottom，Line width 设为 0.1524（6mil）。底层丝印 2D 线绘制完成后如图 8-118 所示。

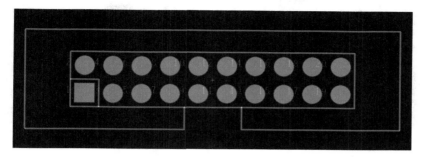

图 8-117　顶层丝印 2D 线

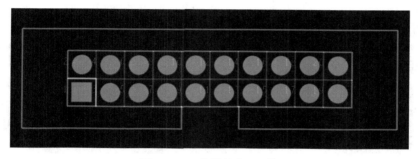

图 8-118　底层丝印 2D 线

给简牛 PCB 封装中的 4 个引脚添加编号丝印：1、2、19 和 20。执行菜单命令 Setup→Design Parameters，在 Text 标签页中，单击 Setup text sizes 右侧的按钮，在 Text Setup 对话框中将 2 号字体的 Photo Width 设置为 0.1524，如图 8-119 所示。

单击工具栏中的 （Add Text）按钮，在 Options 面板中将 Active Class 设为 Package Geometry，Subclass 设为 Silkscreen_Top，Text block 选择 2 号字体，如图 8-120 所示。添加完成后的效果图如图 8-121 所示。

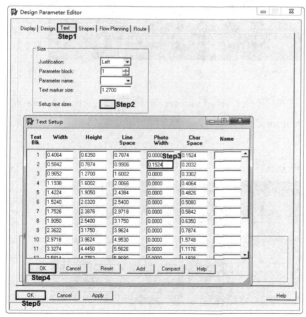

图 8-119　修改字体大小

图 8-120　字体选择

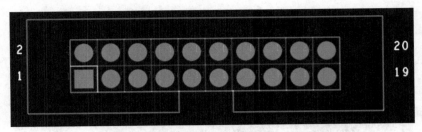

图 8-121　文本添加完成

绘制装配层 2D 线。单击工具栏中的 ＼ 按钮，在 Options 面板中将 Active Class 设为 Package Geometry，Subclass 设为 Assembly_Top，Line width 设为 0。简牛的装配框与最外层的丝印框大小一致，绘制完成后如图 8-122 所示。

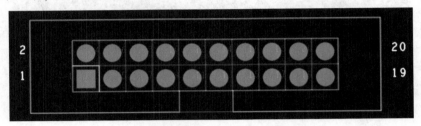

图 8-122　装配层 2D 线

绘制元器件的安全摆放区。单击工具栏中的 ▣（Shape Add Rectangle）按钮，在 Options 面板中将 Active Class 设为 Package Geometry，Subclass 设为 Place_Bound_Top，绘制完成后如图 8-123 所示。

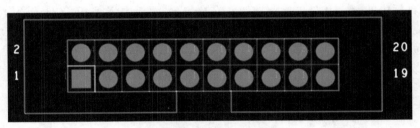

图 8-123　安全摆放区

添加丝印层位号。单击工具栏中的 按钮，在 Options 面板中将 Active Class 设为 Ref Des，Subclass 设为 Silkscreen_Top，Text block 选择 3 号，然后单击元器件的上方，输入 J＊，如图 8-124 所示。

至此，简牛的 PCB 封装已制作完成，执行菜单命令 File→Save 进行保存。

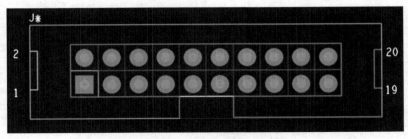

图 8-124　添加简牛丝印层位号

8.2.6　制作 STM32F103RCT6PCB 芯片封装

STM32F103RCT6 芯片的封装尺寸和规格如图 8-125 和图 8-126 所示。

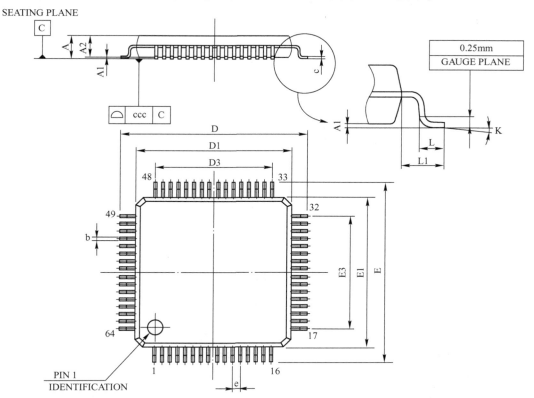

图 8-125　STM32F103RCT6 芯片的封装尺寸

Symbol	millimeters			inches		
	Min	Typ	Max	Min	Typ	Max
A	-	-	1.600	-	-	0.0630
A1	0.050	-	0.150	0.0020	-	0.0059
A2	1.350	1.400	1.450	0.0531	0.0551	0.0571
b	0.170	0.220	0.270	0.0067	0.0087	0.0106
c	0.090	-	0.200	0.0035	-	0.0079
D	-	12.000	-	-	0.4724	-
D1	-	10.000	-	-	0.3937	-
D3	-	7.500	-	-	0.2953	-
E	-	12.000	-	-	0.4724	-
E1	-	10.000	-	-	0.3937	-
E3	-	7.500	-	-	0.2953	-
e	-	0.500	-	-	0.0197	-
θ	0°	3.5°	7°	0°	3.5°	7°
L	0.450	0.600	0.750	0.0177	0.0236	0.0295
L1	-	1.000	-	-	0.0394	-
ccc	-	-	0.080	-	-	0.0031

图 8-126　STM32F103RCT6 芯片的封装规格

首先绘制焊盘。打开 Pad Designer 软件，在 Pad_Designer 对话框中选择 Parameters 标签页。在 Units 下拉列表中选择 Millimeter，Decimal places 设为 4。

单击 Layers 标签页，切换到焊盘层设置，勾选 Single layer mode 项。对各个层进行设置，Geometry 选择 Oblong，如图 8-127 所示。

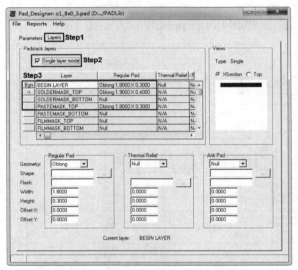

图 8-127   设置 STM32F103RCT6 芯片焊盘

执行菜单命令 File→Check，对设计好的焊盘进行检查，检查无误后进行保存，执行菜单命令 File→Save As。STM32F103RCT6 芯片焊盘可以命名为：O1_8X0_3；保存路径为 D:\STM32CoreBoardLib-V1.0.0-20171215\PADLib，如图 8-128 所示。

焊盘创建完成后，开始建立 PCB 封装。打开 PCB Editor 软件，执行菜单命令 File→New，在 Drawing Name 栏中输入封装名称 LQFP_64，然后单击 Browse 按钮，保存在 D:\STM32CoreBoardLib-V1.0.0-20171215\PCBLib 目录下。然后，在 Drawing Type 下拉列表中选择 Packagesymbol Wizard。最后单击 OK 按钮，如图 8-129 所示。

图 8-128   选择 STM32F103RCT6 芯片
焊盘保存路径并重命名焊盘

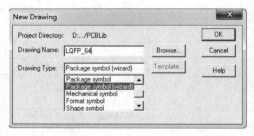

图 8-129   新建 STM32F103RCT6 芯片封装

然后，在弹出的 Package Symbol Wizard 对话框中选择 PLCC/QFP 封装，单击 Next 按钮，如图 8-130 所示。

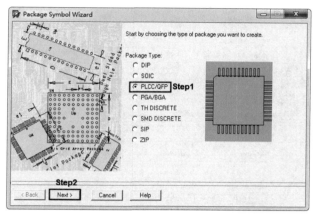

图 8-130　选择封装形式

单击 Load Template 按钮，在弹出的对话框中选择"是"，再单击 Next 按钮，如图 8-131 所示。

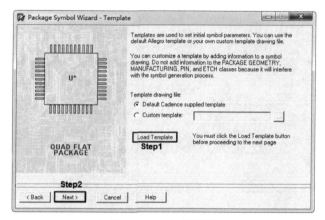

图 8-131　加载模板

单位选择 Millimeter，精度为 4，如图 8-132 所示。

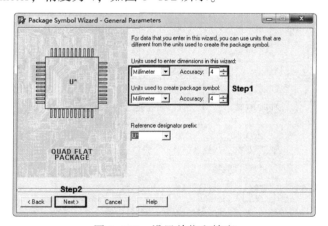

图 8-132　设置单位和精度

设置每一边焊盘的个数为 16，相邻焊盘之间的距离为 0.5mm，并将 1 号引脚设置在左上角，如图 8-133 所示。然后，单击 Next 按钮。

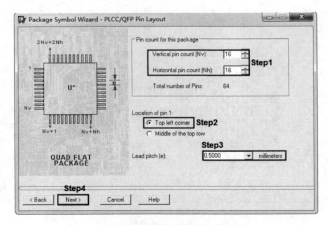

图 8-133　设置焊盘个数和间距

设置封装大小，如图 8-134 所示。

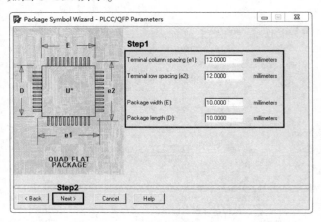

图 8-134　设置封装大小

在焊盘库中选择焊盘，如图 8-135 所示。

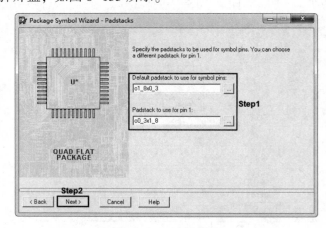

图 8-135　选择焊盘

接下来，按照默认设置即可，即设置原点在封装的中心位置，以及自动生成 .psm 文件，如图 8-136 所示。然后，单击 Next 按钮。

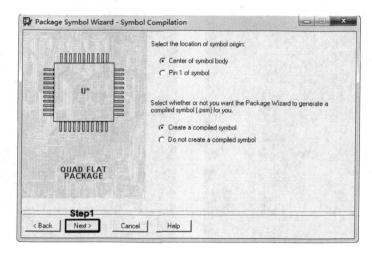

图 8-136 设置封装原点位置

单击 Finish 按钮，完成 STM32F103RCT6 封装向导，如图 8-137 所示。

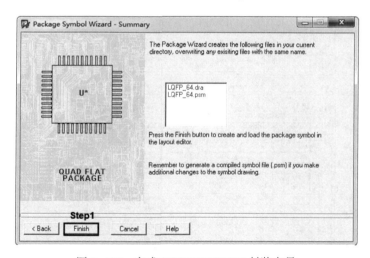

图 8-137 完成 STM32F103RCT6 封装向导

按 Enter 键，放置 32 个焊盘，然后单击右键，在右键快捷菜单中选择 Done 命令，如图 8-138 所示。PCB 封装向导制作的封装有两个位号 U∗，一个是顶层丝印的位号，另一个是装配层的位号。通常不使用装配层的位号，可以不予理会。

绘制丝印层 2D 线。单击工具栏中的 ＼按钮，在 Options 面板中将 Active Class 设为 PackageGeometry，Subclass 设为 Silkscreen_Top，Line width 设为 0.1524（6mil）。执行菜单命令 Add→Circle 可以添加圆圈，绘制完成后如图 8-139 所示。

修改引脚序号的字号。执行菜单命令 Setup→Design Parameters，选择 Design Parameter Editor 对话框中的 Text 标签页。单击 Setup text sizes 右侧的按钮，在 Text Setup 对话框中将 1 号字体的 Width 和 Height 设置成 0.2，Line Space 和 Char Space 设置成 0.1，如图 8-140

所示。修改之后如图 8-141 所示。

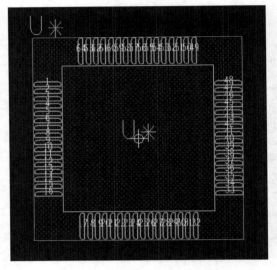

图 8-138　放置焊盘

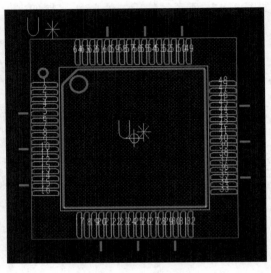

图 8-139　丝印层 2D 线

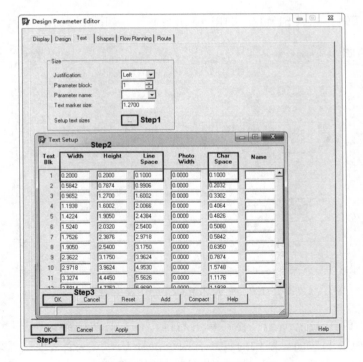

图 8-140　修改字号设置

添加引脚编号丝印。单击工具栏中的 按钮，在 Options 面板中将 Active Class 设为 Package Geometry，Subclass 设为 Silkscreen_Top。然后，在 16 号、32 号、48 号引脚旁添加编号丝印，如图 8-142 所示。

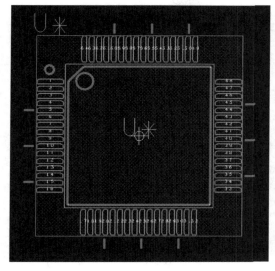
图 8-141　修改字号效果图

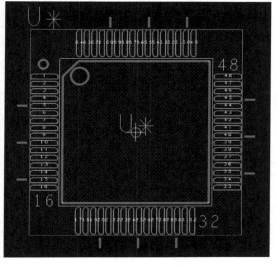
图 8-142　添加引脚编号丝印

至此，STM32F103RCT6 芯片的 PCB 封装已制作完成，执行菜单命令 File→Save 进行保存。

8.3　3D 模型导入与预览

Allegro 支持导入 Step 模型，在 3D 预览下显示电路板网络或电路板上元器件的三维效果。想要获得逼真的 3D 预览效果，需要有真实的 Step 模型。Step 模型可以借助于 Pro/e、Solidworks 等软件绘制（也可以到 3D 模型的网站下载）。电路板的元器件与 Step 模型匹配后，通过 3D 预览更容易发现结构干涉、散热等方面的问题。

8.3.1　Step 模型库路径的设置

元器件的 Step 模型可以通过下载或制作的方式获得。目前网络上有很多共享的模型库，可以很方便地下载常用的 Step 模型文件，还有一些特殊的 Step 模型文件，需要自己制作。将模型文件复制到需要的目录下，如图 8-143 所示，本书所需的 STM32 核心板元器件的 Step 模型可在配套资料包的 AllegroLib\3DLib 文件夹中找到。

执行菜单命令 Setup→User Preferences，打开 User Preference Editor 对话框，单击 Paths 目录下的 Library 文件夹。Steppath 用于指定 Step 模型库的路径，单击对应的 Value 栏中的按钮，打开 Steppath Items 对话框，单击添加按钮，添加 Step 模型文件路径，如图 8-144 和图 8-145 所示。单击 OK 按钮，关闭对话框。

需要注意 Step 模型文件的命名规范，不能使用非法字符，如圆括号、方括号等，否则造成 Allegro 加载这些文件失败。

图 8-143　Step 模型文件保存路径

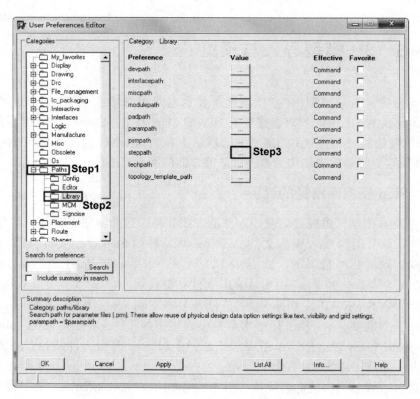

图 8-144　设置 Step 模型文件保存路径步骤 1

图 8-145　设置 Step 模型文件保存路径步骤 2

8.3.2　Step 模型的关联

Step 模型的关联就是在 Allegro 中对元器件的 PCB 封装指定 Step 模型，将 PCB 封装和 Step 模型关联起来，具体步骤如下。

（1）执行菜单命令 Setup→Step Package Mapping，打开 Step Package Mapping 对话框。先选择要关联的元器件，再选择对应的 3D 模型，然后调整 Step 模型的角度，最后单击 Save 按钮，即可完成 Step 模型与元器件 PCB 封装的关联，如图 8-146 所示。选择 PCB 封装 HDR1×2，关联的 Step 模型为 HDR-1x2. STEP。

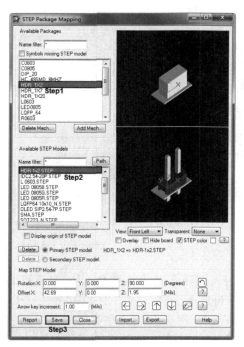

图 8-146　Step 模型与 PCB 封装相关联

（2）在图 8-146 所示的 STEP Package Mapping 对话框中，Available Packages 选项框负责元器件 PCB 封装的管理，可以在 Name filter 栏中筛选 PCB 封装，"＊"表示显示所有元器件的 PCB 封装。若勾选 Symbols missing STEP models 项，则表示显示丢失 Step 模型的元器件封装。

（3）Available STEP Models 选项框负责 Step 模型的管理。勾选 Display origin of STEP model 项，表示显示 Step 模型的参考原点坐标。

（4）视图预览窗口下方有视图辅助功能设置区。View 用于设置浏览视图的方向，有正视图（Front）、顶视图（Top）等。Transparent 用于设置模型透明度。Overlay 表示将元器件封装与 Step 模型重合显示；Hide board 表示隐藏元器件电路板，勾选该项后，3D 视图中将只显示封装和模型。单击 STEP color 右侧的"？"按钮，可以调整模型的显示颜色。

（5）Rotation X/Y/Z 文本框用于输入三维旋转的角度数值，默认值为 0，表示不旋转。Offset X/Y/Z 文本框用于输入三维偏移量，默认值为 0，表示无位置偏移。

8.3.3　调整 Step 位置关联

（1）在 Step 模型关联的过程中，可以通过 Top 视图以及勾选 Overlay 项来观察 PCB 封装与 Step 模型水平对齐的情况。以 R0603 电阻为例，如图 8-147 所示，PCB 封装与 Step 模型未水平对齐，出现这种情况的原因通常是 Step 模型在制作时未被放置在参考原点。对齐方法：拖动 Step 模型，使其与 PCB 封装对齐；也可以改变 Offset X/Y 的数值来实现对齐。图 8-148 所示为 PCB 封装与 Step 模型水平对齐后的视图。

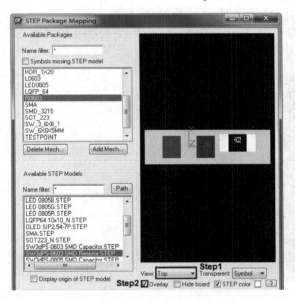
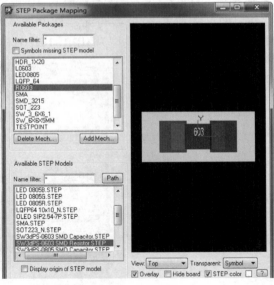

图 8-147　PCB 封装与 Step 模型水平未对齐　　　图 8-148　PCB 封装与 Step 模型水平对齐后视图

（2）类似地，可以通过 Front 视图以及勾选 Overlay 来观察 PCB 封装与 Step 模型垂直对齐的情况。以 OLED 的 7P 排母座子为例，如图 8-149 所示，PCB 封装与 Step 模型垂直未对齐，通常也是由于 Step 模型在制作时未被放置在参考原点。对齐方法：拖动 Step 模型，使其与 PCB 封装对齐；也可以改变 Offset Z 的数值来对齐。图 8-150 所示为 PCB 封装与 Step 模型垂直对齐后的视图。

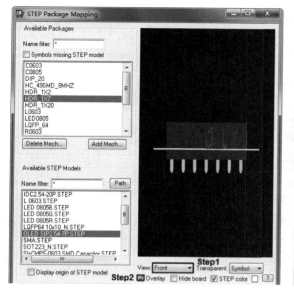
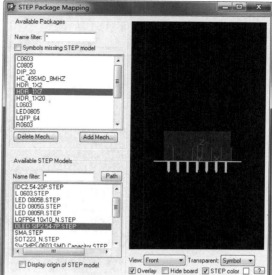

图 8-149　PCB 封装与 Step 模型垂直未对齐　　　图 8-150　PCB 封装与 Step 模型垂直对齐后视图

（3）当所有的 PCB 封装与 Step 模型对齐后，单击 STEP Package Mapping 对话框左下角的 Report 按钮，弹出 PCB 封装分配 Step 模型后的报告，如图 8-151 所示。若存在未分配 Step 模型的 PCB 封装，将空白显示。

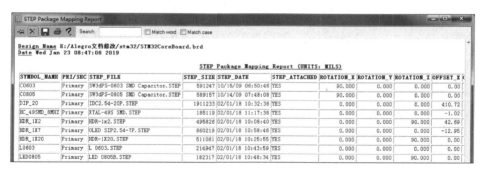

图 8-151　Report 窗口

8.4　生成库

8.4.1　通过原理图文件生成原理图库

打开要生成原理图库的原理图，执行菜单命令 File→New→Library，如图 8-152 所示，即可在原理图工程文件中添加一个原理图库。可以看到，Design Resources 目录下新增了一个原理图库文件，系统默认的文件名为 library2. olb。

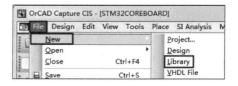

图 8-152　新建库

　　然后，选中 Design Cache 目录下的所有元器件和符号，单击鼠标右键，在右键快捷菜单中选择 Copy 命令，如图 8-153 所示。

图 8-153　复制原理图中的元器件

　　右键单击 library2. olb 文件，在右键快捷菜单中选择 Paste 命令，如图 8-154 所示。这时，原理图库生成完毕，将其保存即可，如图 8-155 所示。

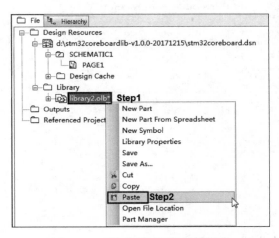

图 8-154　粘贴原理图中的元器件

图 8-155　原理图生成库完毕

8.4.2　通过 PCB 文件生成 PCB 库

　　打开要生成 PCB 库的 PCB 文件，执行菜单命令 File→Export→Libraries，如图 8-156 所示，打开 Export Libraries 对话框。然后，在 Export to directory 栏中选择库的保存路径。注意，Allegro 软件不支持中文。最后，单击 Export 按钮导出即可，如图 8-157 所示。

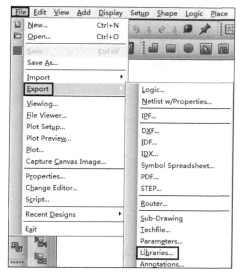

图 8-156　执行导出库命令

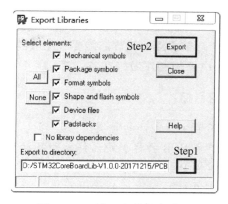

图 8-157　设置文件保存路径

 本章任务

完成本章的学习后，能够制作 STM32 核心板上所有元器件的原理符号、焊盘、PCB 封装，能够对 PCB 封装导入 Step 模型，并分别生成原理图库和 PCB 库。

＊＊

 本章习题

1. 简述创建原理图库的过程。
2. 简述创建 PCB 库的过程。
3. 简述 Step 模型的导入过程。
4. 简述生成原理图库与 PCB 库的过程。

第9章 输出生产文件

设计好电路板，下一步就是制作电路板。制作电路板包括 PCB 打样、元器件采购和 PCB 焊接三个环节，每个环节都需要有相应的生产文件。本章讲解不同生产文件的输出方法，为第 10 章电路板制作做好准备。

学习目标：

➤ 了解生产文件的种类。
➤ 了解 PCB 打样、元器件采购及贴片加工分别需要哪些生产文件。
➤ 掌握 PCB 源文件的输出方法。
➤ 掌握 Gerber 文件的输出方法。
➤ 掌握 BOM 的输出方法。
➤ 掌握丝印文件的输出方法。
➤ 掌握坐标文件的输出方法。

 ## 9.1 生产文件的组成

生产文件一般由 PCB 源文件、Gerber 文件、SMT 文件组成，而 SMT 文件又由 BOM、丝印文件和坐标文件组成，如图 9-1 所示。

进行 PCB 打样时，需要将 PCB 源文件或 Gerber 文件发送给 PCB 打样厂。为了防止技术泄露，建议发送 Gerber 文件。

元器件采购时，需要一张 BOM（Bill of Materials）。

进行电路板贴片加工时，既可以给贴片厂发送 PCB 源文件和 BOM，也可以发送 BOM、丝印文件和坐标文件。同样，为了防止技术泄露，建议选择后者。

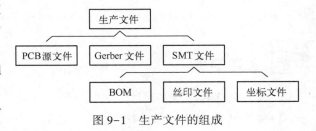

图 9-1 生产文件的组成

 ## 9.2 PCB 源文件的输出

一种简单直接的方法，是将 PCB 源文件压缩后直接发送给打样厂进行打样。PCB 源文件的输出比较简单，将 STM32CoreBoard. brd 文件保存在 "D：\STM32CoreBoard－V1. 0. 0－20171215\生产文件\PCB 文件（STM32CoreBoard－V1. 0. 0－20171215）" 目录下即可。

9.3 Gerber 文件的输出

Gerber 文件是一种符合 EIA 标准的，由 GerberScientific 公司定义为用于驱动光绘机的文件。该文件把 PCB 中的布线数据转换为光绘机用于生产 1∶1 高精度胶片的光绘数据，是能被光绘图机处理的文件格式。PCB 打样厂用这种文件制作 PCB。如果对文件的保密性要求不高，可直接将 PCB 源文件发送给 PCB 打样厂，因为生成 Gerber 文件的过程较烦琐，会导致 Gerber 文件出错。但是，Gerber 文件的优点是既能满足打样厂的需求，又能保护 PCB 文件，防止技术泄露。下面介绍 Gerber 文件的输出方法。

9.3.1 Gerber 文件输出路径设置

默认设置下，Gerber 文件将输出至 PCB 的同级目录下，导致目录内文件过于杂乱。因此建议设置文件输出路径。打开 PCB 文件，执行菜单命令 Setup→User Preferences，如图 9-2 所示。

打开 User Preferences Editor 对话框，在 File_management 目录下单击 Output_dir，在右侧设置框中，在 ads_sdart 对应的 Value 栏中输入 gerber，即可在 PCB 同级目录下新建一个名为 gerber 的文件夹，输出的 Gerber 文件均保存在其中，如图 9-3 所示。

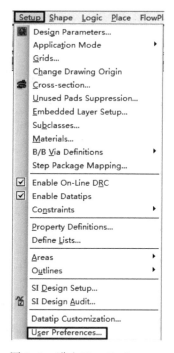

图 9-2 进入 User Preferences

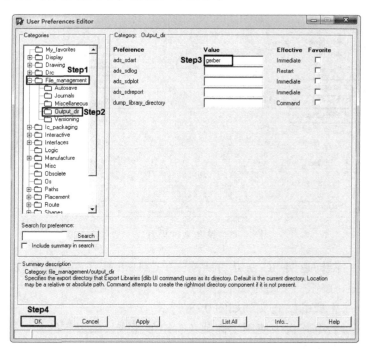

图 9-3 设置 Gerber 文件存放路径

9.3.2 钻孔文件的生成

执行菜单命令 Manufacture→NC→NC Drill，如图 9-4 所示。

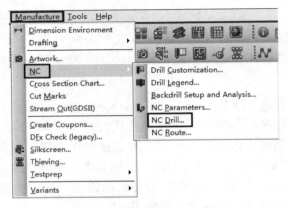

图 9-4　执行钻孔文件设置命令

在弹出的 NC Drill 对话框中，勾选 Auto tool select 和 Repeat codes 项，然后单击 NC Pa-rameters 按钮，如图 9-5 所示。

打开 NC Parameters 对话框，勾选 Enhanced Excellon format 项，如图 9-6 所示，然后单击 Close 按钮。

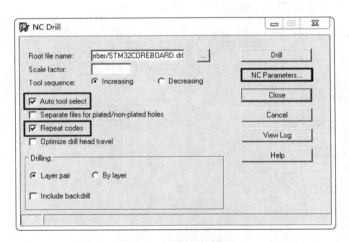

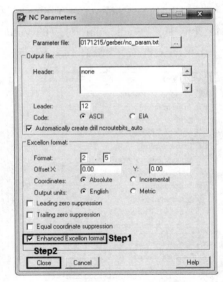

图 9-5　钻孔文件设置　　　　　　　　　图 9-6　钻孔参数设置

随即返回 NC Drill 对话框，单击 Drill 按钮，生成钻孔文件，如图 9-7 所示。然后单击 Close 按钮，关闭对话框。

生成的钻孔文件如图 9-8 所示。

若电路板中使用了椭圆孔、矩形孔或长条形状的开槽孔，则需要生成异形孔数据。执行菜单命令 Manufacture→NC→NC Router，如图 9-9 所示。

在弹出的 NC Route 对话框中，单击 Route 按钮，生成异形孔数据，如图 9-10 所示。然后单击 Close 按钮，关闭对话框。

注：如果 PCB 上没有异形孔，将不会有数据生成。STM32 核心板上没有异形孔。

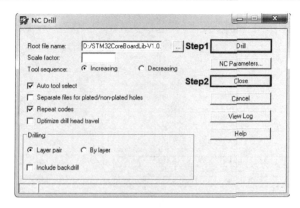

图 9-7　生成钻孔文件

图 9-8　钻孔文件

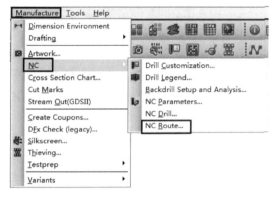

图 9-9　进入生成异形孔设置

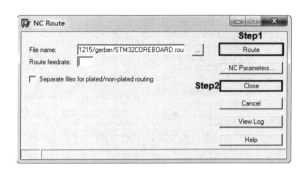

图 9-10　生成异形孔数据

9.3.3　钻孔表的生成

执行菜单命令 Manufacture→NC→Drill Legend，如图 9-11 所示。
在弹出的 Drill Legend 对话框中，单击 OK 按钮，如图 9-12 所示。

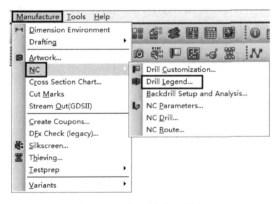

图 9-11　进入钻孔表设置

图 9-12　钻孔表设置

此时，一个矩形框将显示在指针旁，在合适的位置单击放置，如图 9-13 所示。

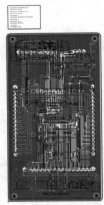

图 9-13　放置钻孔表

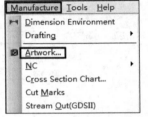

图 9-14　进入光绘文件设置界面

9.3.4　光绘文件的参数设置

执行菜单命令 Manufacture→Artwork，如图 9-14 所示，打开 Artwork Control Form 对话框。首先设置 TOP 层的参数。在 TOP 目录下选中其中一个参数，单击鼠标右键，在右键快捷菜单中选择 Add 命令，添加相关层，如图 9-15 所示。

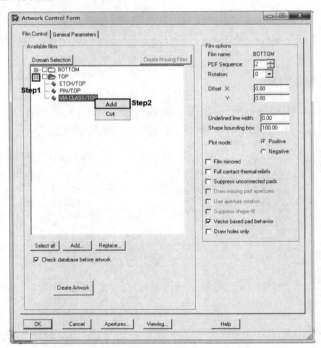

图 9-15　添加相关层步骤 1

在弹出的 Subclass Selection 对话框中，勾选 BOARD GEOMETRY 目录下的 OUTLINE，然后单击 OK 按钮，如图 9-16 所示。

TOP 层设置完成后，如图 9-17 所示。

采用同样的操作，设置 BOTTOM 层参数，设置完成后如图 9-18 所示。

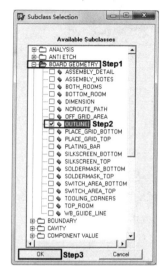

图 9-16　添加相关层步骤 2

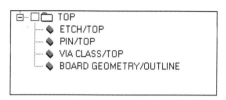

图 9-17　TOP 层设置完成

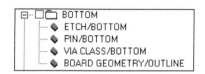

图 9-18　BOTTOM 层设置完成

Allegro 设置 Gerber 是对当前显示层进行保留，设置其他层之前，我们先隐藏一些层，再进行添加。

接下来设置颜色。单击工具栏中的 按钮，打开 Color Dialog 对话框，单击右上角 Global Visibility 右侧的 Off 按钮，关闭所有层的显示颜色，在弹出的 Allegro 对话框中选择"是"，如图 9-19 所示。

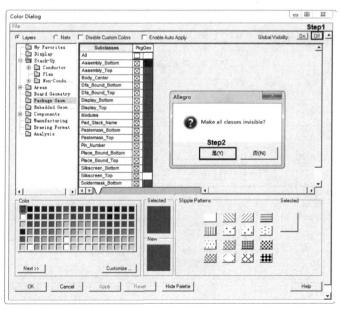

图 9-19　关闭所有颜色

然后，选中 BOARD GEOMETRY 目录下的 Outline，单击 OK 按钮退出设置，如图 9-20 所示。

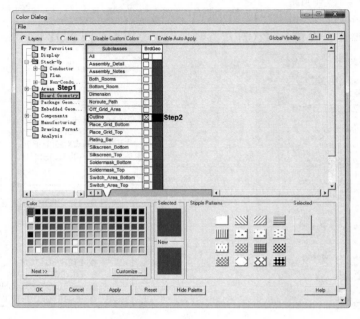

图 9-20　颜色设置

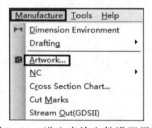

图 9-21　进入光绘文件设置界面

执行菜单命令 Manufacture→Artwork，再次进入光绘文件设置界面，如图 9-21 所示。

右键单击 TOP 文件夹，在右键快捷菜单中选择 Add 命令，添加文件夹，如图 9-22 所示。

在弹出的 Allegro PCB Design GXL（legacy）对话框中，输入 SILK_TOP，添加丝印项层。然后单击 OK 按钮，如图 9-23 所示。

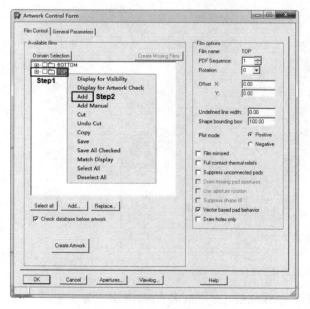

图 9-22　添加文件夹

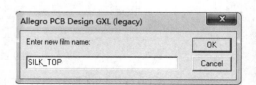

图 9-23　添加丝印顶层

在 SILK_TOP 目录下选择 BOARD GEOMETRY/OUTLINE，单击鼠标右键，在右键快捷菜单中选择 Add 命令，添加相关层，如图 9-24 所示。添加完成后如图 9-25 所示。

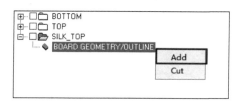

图 9-24　添加相关层

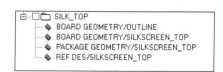

图 9-25　丝印顶层设置

用同样的操作设置其他层。丝印底层、阻焊顶层、阻焊底层、钢网顶层、钢网底层、钻孔层、装配顶层、装配底层设置后分别如图 9-26~图 9-33 所示。

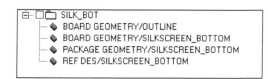

图 9-26　丝印底层设置

图 9-27　阻焊顶层设置

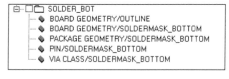

图 9-28　阻焊底层设置

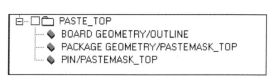

图 9-29　钢网顶层设置

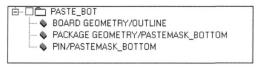

图 9-30　钢网底层设置

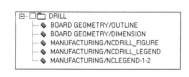

图 9-31　钻孔层设置

图 9-32　装配顶层设置

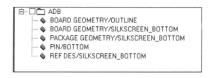

图 9-33　装配底层设置

接下来设置 Film Control 参数，如图 9-34 所示。设置 Undefined line width 为 6，Shape bounding box 为 100，勾选 Vector based pad behavior 项。

然后，打开 General Parameters 标签页，按照图 9-35 所示设置参数。

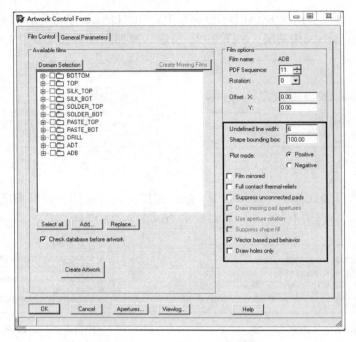

图 9-34　Film Control 参数设置

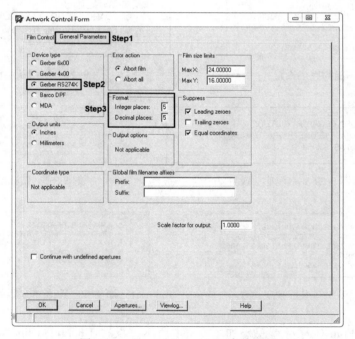

图 9-35　General Parameters 参数设置

9.3.5　光绘文件的输出

在 Film Control 标签页中，单击 Select all 按钮，然后单击 Create Artwork 按钮，如图 9-36 所示。

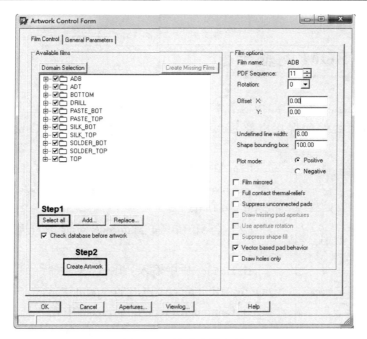

图 9-36　输出光绘文件

随后系统弹出如图 9-37 所示的文本窗口，关闭即可。

光绘文件输出完成后如图 9-38 所示。

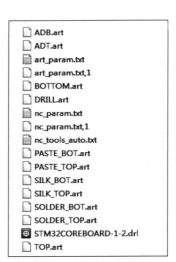

图 9-37　光绘文件输出文本窗口　　　　　　图 9-38　光绘文件输出完成

至此，Gerber 文件输出完成。打样时，可以直接将 Gerber 文件夹压缩后发送给打样厂。

9.4　BOM 的输出

BOM（Bill of Materials），即物料清单，通过 BOM 可查看电路板上元器件的各类信息，便于设计者采购元器件和焊接电路板。下面介绍如何通过 OrCAD Capture CIS 软件生成 BOM。

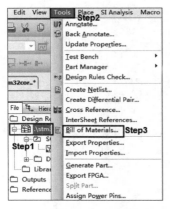

图 9-39　进入生成 BOM 设置

（1）在 OrCAD Capture CIS 软件中打开原理图，然后选中 stm32coreboard.dsn 文件，执行菜单命令 Tools→ Bill of Materials，如图 9-39 所示。

（2）打开 Bill of Materials 对话框（见图 9-40），设置如下：

在 Header 栏中输入：Item\tA.元器件编号\tB.元器件名称\tQuantity\tReference\tPCB Footprint\t 备注。

在 Combined property string 栏中输入：{Item}\t{A. 元器件编号}\t{B. 元器件名称}\t{Quantity}\t{Reference}\t{PCB Footprint}\t{备注}。

注：如果要添加其他参数，可以双击元器件查看其参数。如要添加产地，则在 Header 栏中加上"\t{J. 品牌产地}"，在 Combined property string 栏中加上"t{J. 品牌产地}"。

勾选 Open in Excel 项，单击 OK 按钮，输出 BOM，如图 9-41 所示。

图 9-40　BOM 参数设置

图 9-41　输出 BOM 设置

输出的 BOM 文件如图 9-42 所示。

为方便使用，常常需要将 BOM 打印出来。图 9-42 所示的表格不适于打印，因此，还需要进行规范化处理，具体操作如下。

Item	A.元件编号	B.元件名称	Quantity	Reference	PCB Footprint	备注
1	C14663	100nF (104) ±10% 50V	10	C1, C2, C4, C6, C7, C8, C9, C10, C13, C18	C0603	立创可贴片元器件
2	C45783	22μF (226) ±20% 25V	5	C3, C5, C16, C17, C19	C0805	立创可贴片元器件
3	C1653	22pF (220) ±5% 50V	2	C11, C12	C0603	立创可贴片元器件
4	C1634	10pF (100) ±5% 50V	2	C14, C15	C0603	立创可贴片元器件
5	C14996	SS210	1	D1	SMA	立创可贴片元器件
6		测试点0.9mm	3	5V, 3V3, GND	TESTPOINT	测试点不需焊接
7		2.54mm 20P 直 排针	3	J1, J2, J3	HDR_1X20	立创非可贴片元器件
8	C70009	XB-6A, 6P, 脚距2.54mm, 直针	1	J4	XH-6P	立创非可贴片元器件
9		2.54mm 1*2P 直 排针	1	J6	HDR_1X2	立创非可贴片元器件, C2337, 2.54mm 1*40P 直 排针, 后加工
10		OLED母座 单排 2.54mm 7P	1	J7	HDR_1X7	立创非可贴片元器件
11	C3405	简牛 2.54mm 2*10P 直	1	J8	DIP_20	立创非可贴片元器件
12	C127509	贴片轻触开关-6x6mm	3	KEY1, KEY2, KEY3	SW_6x6x5mm	立创可贴片元器件
13	C84259	蓝灯 贴片LED (20-55mcd) 编带	1	LED1	LED0805	立创可贴片元器件
14	C2297	翠绿	1	LED2	LED0805	立创可贴片元器件
15	C1035	10μH ±10%	2	L1, L2	L0603	立创可贴片元器件
16	C84256	红灯 贴片LED (80-180mcd) 编带	1	PWR	LED0805	立创可贴片元器件
17	C118141	轻触开关 3.6*6.1*2.5 灰头	1	RST	SW_3_6x6_1	立创非可贴片元器件
18	C25804	10kΩ	16	R1, R2, R3, R4, R5, R6, R10, R11, R12, R13, R14, R15, R16, R17, R18, R19	R0603	立创可贴片元器件
19	C22775	100Ω	2	R7, R8	R0603	立创可贴片元器件
20	C21190	1kΩ	1	R9	R0603	立创可贴片元器件
21	C23138	330Ω	2	R20, R21	R0603	立创可贴片元器件
22	C8323	STM32F103RCT6	1	U1	LQFP_64	立创可贴片元器件
23	C6186	AMS1117-3.3	1	U2	SOT_223	立创可贴片元器件
24	C12674	HC-49SMD_8MHZ_20PF_20PPM	1	Y1	HC_49SMD_8MHZ	立创非可贴片元器件
25	C32346	32_768KHz-±20ppm-12_5pF	1	Y2	SMD_3215	立创非可贴片元器件

图 9-42　BOM 文件

STM32CoreBoard- V1.0.0—20171215-1套

Item	A.元件编号	B.元件名称	Quantity	Reference	PCB Footprint	备注	不焊接元件	一审	二审
1	C14663	100nF (104) ±10% 50V	10	C1, C2, C4, C6, C7, C8, C9, C10, C13, C18	C0603	立创可贴片元器件			
2	C45783	22μF (226) ±20% 25V	5	C3, C5, C16, C17, C19	C0805	立创可贴片元器件			
3	C1653	22pF (220) ±5% 50V	2	C11, C12	C0603	立创可贴片元器件			
4	C1634	10pF (100) ±5% 50V	2	C14, C15	C0603	立创可贴片元器件			
5	C14996	SS210	1	D1	SMA	立创可贴片元器件			
6		测试点0.9mm	3	5V, 3V3, GND	TESTPOINT	测试点不需焊接	NC		
7		2.54mm 20P 直 排针	3	J1, J2, J3	HDR_1X20	立创非可贴片元器件			
8	C70009	XB-6A, 6P, 脚距2.54mm, 直针	1	J4	XH-6P	立创非可贴片元器件			
9		2.54mm 1*2P 直 排针	1	J6	HDR_1X2	立创非可贴片元器件, C2337, 2.54mm 1*40P 直 排针, 后加			
10		OLED母座 单排 2.54mm 7P	1	J7	HDR_1X7	立创非可贴片元器件			
11	C3405	简牛 2.54mm 2*10P 直	1	J8	DIP_20	立创非可贴片元器件			
12	C127509	贴片轻触开关-6x6mm	3	KEY1, KEY2, KEY3	SW_6x6x5mm	立创可贴片元器件			
13	C84259	蓝灯 贴片LED (20-55mcd) 编带	1	LED1	LED0805	立创可贴片元器件			
14	C2297	翠绿	1	LED2	LED0805	立创可贴片元器件			
15	C1035	10uH ±10%	2	L1, L2	L0603	立创可贴片元器件			
16	C84256	红灯 贴片LED (80-180mcd) 编带	1	PWR	LED0805	立创可贴片元器件			
17	C118141	轻触开关 3.6*6.1*2.5 灰	1	RST	SW_3_6x6_1	立创非可贴片元器件			
18	C25804	10K	16	R1, R2, R3, R4, R5, R6, R10, R11, R12, R13, R14, R15, R16, R17, R18, R19	R0603	立创可贴片元器件			
19	C22775	100Ω	2	R7, R8	R0603	立创可贴片元器件			
20	C21190	1K	1	R9	R0603	立创可贴片元器件			
21	C23138	330Ω	2	R20, R21	R0603	立创可贴片元器件			
22	C8323	STM32F103RCT6	1	U1	LQFP_64	立创可贴片元器件			
23	C6186	AMS1117-3.3	1	U2	SOT_223	立创可贴片元器件			
24	C12674	HC-49SMD_8MHZ_20PF_20PPM	1	Y1	HC_49SMD_8MHZ	立创非可贴片元器件			
25	C32346	32_768KHz-±20ppm-12_5pF	1	Y2	SMD_3215	立创非可贴片元器件			

第 1 页，共 1 页

图 9-43　规范的 BOM 示意图

（1）为图 9-42 所示的表格添加页眉和页脚，页眉为 "STM32CoreBoard-V1.0.0-20171215-1 套"，包含了电路板名称、版本号、完成日期及物料套数；在页脚添加页码和页数。

（2）表格的第一列 Item 为序号列，每种元器件有一个对应的序号，以便于备料时给元器件编号。

（3）在表格的右侧增设"不焊接元器件""一审"和"二审"三列。由于有些某些元器件是为了调试而增设的，还有些元器件只在特定环境下才需要焊接，并且测试点也不需要焊接。因此，可以在"不焊接元器件"一列中标注"NC"，表示不需要焊接。增设"一审"和"二审"列是因为，无论是自己焊接电路板，还是送去贴片厂进行贴片，都需要提前准备物料，而备料时常常会出现物料型号不对、物料封装不对、数量不足等问题。为了避免这些问题，建议每次备料时审核两次，特别是使用物料多的电路板。而且，每次审核后都应做记录，即在对应的"一审"或"二审"列打钩。规范的 BOM 如图 9-25 所示。

9.5　丝印文件的输出

在 PCB Design 软件中打开 PCB，执行菜单命令 File→ Export→ PDF，如图 9-44 所示。

打开 Allegro PDF Publisher 对话框，勾选 SILK_TOP 和 SILK_BOT 项，再勾选 Output PDF in black and white mode 项，然后单击 Export 按钮，如图 9-45 所示。

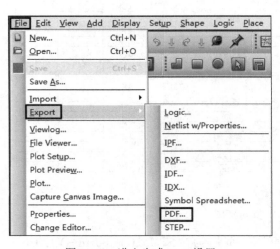

图 9-44　进入生成 PDF 设置

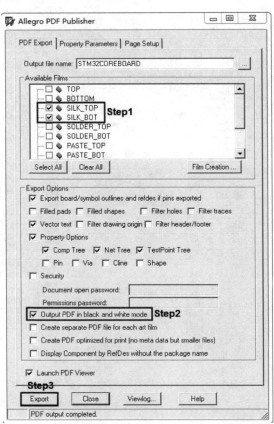

图 9-45　设置 PDF 输出

输出的顶层丝印如图 9-46 所示，底层丝印如图 9-47 所示。

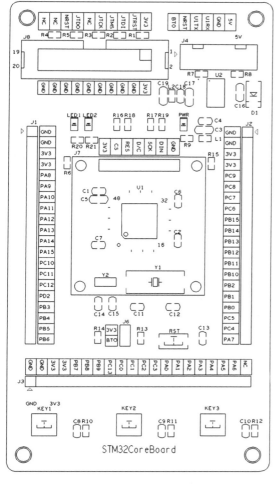

图 9-46　顶层丝印　　　　　　　　　　图 9-47　装配底层

9.6　坐标文件的输出

发送给贴片厂的除了丝印文件，还有坐标文件。9.5 节已经介绍了如何生成丝印文件，本节介绍如何生成坐标文件。

执行菜单命令 File→ Export→ Placement，如图 9-48 所示。打开 Export Placement 对话框，在 Placement File 栏中输入 STM32CoreBoard.txt，勾选 Body Center 项，然后单击 Export 按钮，完成输出，如图 9-49 所示。

输出的坐标文件如图 9-50 所示，坐标文件保存在与 PCB 同等级的目录下。

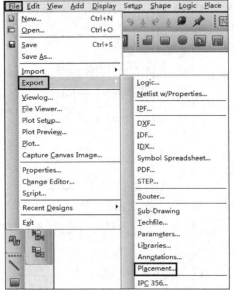

图 9-48　进入坐标文件输出设置　　　　　图 9-49　输出坐标文件

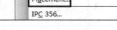

图 9-50　坐标文件

　　考虑到发送给贴片厂时应将丝印文件、坐标文件和 BOM 一起交付。因此，在"生产文件"文件夹中，新建一个名为"SMT 文件（STM32CoreBoard-V1.0.0-20171215）"的文件夹，把生成的丝印文件、坐标文件及 BOM 一起保存在此文件夹中，如图 9-51 所示。贴片前，可直接将"SMT 文件（STM32CoreBoard-V1.0.0-20171215）"文件夹压缩后发送给贴片厂。

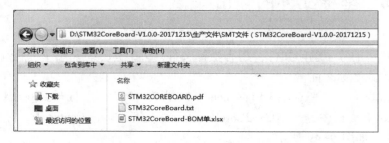

图 9-51　SMT 文件

　　最终的输出文件如图 9-52 所示，包括 Gerber 文件、PCB 文件和 SMT 文件。读者可以根据这些生产文件进行 PCB 打样、元器件采购及贴片加工。

图 9-52 最终输出的生产文件

 本章任务

完成本章的学习后，针对自己设计的 STM32 核心板，按照要求依次输出 PCB 文件、Gerber 文件、BOM、丝印文件和坐标文件。

****

 本章习题

1. 生产文件都有哪些？
2. PCB 打样、元器件采购及贴片加工分别需要哪些生产文件？
3. 简述 Gerber 文件的作用。
4. 简述 BOM 的作用。

第 10 章　制作电路板

电路板的制作主要包括 PCB 打样、元器件采购和焊接三个环节。首先，将 PCB 源文件发送给 PCB 打样厂制作出 PCB（印制电路板）；然后，购买电路板所需的元器件；最后，将元器件焊接到 PCB 上，或者将物料和 PCB 一起发送给贴片厂进行焊接（也称贴片）。

随着近些年来电子技术的迅猛发展，无论是 PCB 打样厂、元器件供应商，还是电路板贴片厂，如雨后春笋般涌出，不仅大幅降低了制作电路板的成本，还提升了服务品质。很多厂商已经实现了在线下单的功能，不同厂商的在线下单流程大同小异。本章以深圳嘉立创平台为例，介绍 PCB 打样与贴片的流程；以立创商城为例，介绍如何在网上购买元器件。

学习目标：

➢ 掌握 PCB 打样的在线下单流程。
➢ 掌握元器件的购买流程。
➢ 掌握 PCB 贴片的在线下单流程。
➢ 掌握 PCB 打样助手的在线下单流程。

10.1　PCB 打样在线下单流程

登录深圳嘉立创网站（http://www.sz-jlc.com），单击首页左上角的"进入 PCB/激光钢网下单系统"按钮，如图 10-1 所示。

图 10-1　PCB 打样在线下单步骤 1

需要先注册账户，如果已经注册，可通过输入账号和密码进入嘉立创客户自助平台。在平台界面左侧单击"PCB 订单管理"按钮，然后单击"在线下单"按钮进入下单系统，如图 10-2 所示。

按图 10-3 所示输入相应参数。若设计的 STM32
核心板的尺寸不是 10.9cm×5.9cm，则按照实际尺寸填
写。这里制作的是样板，板子数量填 5，也可根据实
际需求填写所需板子数量。

接着，在"PCB 工艺信息"界面中，板子厚度选
择 1.6，即 1.6mm，其他保持默认设置，如图 10-4 所
示。每项工艺的具体说明和注意事项可以通过单击工
艺名称旁边的"?"进行查看。

"收费高端个性化服务"和"个性化选项"部分
可根据实际需求进行选择，如图 10-5 所示。

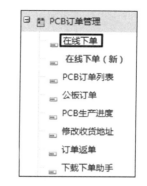

图 10-2　PCB 打样在线下单步骤 2

图 10-3　PCB 打样在线下单步骤 3

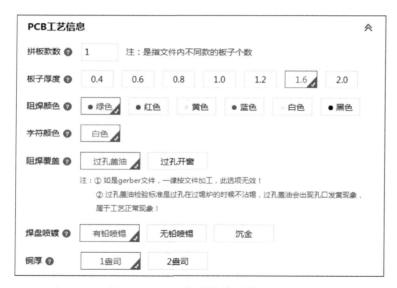

图 10-4　PCB 打样在线下单步骤 4

如图 10-6 所示，根据是否希望由嘉立创进行贴片来选择，如果是自己焊接，则选"不
需要"。

在"激光钢网选项"部分选择是否需要开钢网。注意，只有将 PCB 送去其他贴片厂才
需要开钢网。

若选择需要开钢网，则接下来要选择钢网尺寸。注意，钢网的有效尺寸不能小于电
路板的实际尺寸，而钢网尺寸还包括钢网外框。STM32 核心板的实际尺寸为 5.9cm×
10.9cm，所以钢网的有效尺寸可以选择第 2 个，即有效面积为 14.0cm×24.0cm，如
图 10-7 所示。

收费高端个性化服务 `新`

指定板材供应商 ⑦ ｜台湾南亚｜｜无要求｜

注：本选项为"收费"个性化服务项目，请谨慎选择　选项说明

个性化选项

包装要求 ⑦ ｜嘉立创标识盒子｜｜空白盒子｜

收据和送货单和宣传 ｜需要｜｜不需要｜

生产条码标签放在外面 ⑦ ｜需要｜｜不需要｜

在指定位置加客编 ⑦ ｜需要｜｜不需要｜

在每个单片(PCS)内增加生产日期 ⑦ ｜需要｜｜不需要｜

嘉立创《可制造性设计》培训教材 ｜需要｜｜不需要｜

金（锡）手指是否需要斜边 ⑦ ｜是｜｜否｜

PCB订单备注

图 10-5　PCB 打样在线下单步骤 5

SMT贴片选项

本单是否需要SMT贴片 ｜需要｜｜不需要｜

1.V割拼版不允许SMT贴片，如果SMT拼版，只能用邮票孔或者槽孔拼版；邮票孔拼版教程

2.PCB订单审核通过后，在SMT贴片加工菜单中在线下SMT

图 10-6　PCB 打样在线下单步骤 6

图 10-7　PCB 打样在线下单步骤 7

其他选项按照图 10-8 所示设置。最后，单击"确定"按钮。

钢网数量	1	
	注：两面都有元件的，默认里面都开出来。如有特殊要求，请备注说明。	
包装要求	嘉立创标识盒子	空白盒子
运货单及收据	需要	不需要
钢网用途 ❓	锡膏网	红胶网
MARK要求 ❓	需要	不需要
抛光工艺 ❓	打磨抛光(不收费)	电解抛光
工程处理要求 ❓	按《钢网制作规范及协议》进行制作	确认PDF文档后切割
钢网订单备注		

注意：
(1)默认常规元件封装在0805及以上的钢网将开放锡珠处理，如有特殊要求请备注
(2)钢片厚度默认是由我司工程做文件时依据文件决定的，若对厚度有具体要求，请在备注栏备注清楚
(3)TP类的测试点（包括单独的没字符的原点）默认不开孔，有特殊要求请备注
(4)在贴片层上有孔的单个焊盘或插件类默认不开孔（USB的插件固定脚除外，有特殊要求请备注）
(5)LED钢网，常规开口方式请见文档《LED灯珠钢网开孔方式》，特殊要求请备注
(6)如果压缩包中有提供制作要求文件，必须在下面备注中指明是哪个文件，否则一律忽略
(7)如果不同的PCB排版在一个钢网，板间间距我们会视情况移动，如果不能移动，请备注

图 10-8　PCB 打样在线下单步骤 8

"请填写发票及收据信息"部分根据实际情况填写。在"八：选择本订单收货地址"部分填写收货地址，以及订单联系人和技术联系人的信息。

全部信息填完后，单击"提交订单"按钮，如图 10-9 所示。

随后，在"上传文件"界面中单击"上传 PCB 文件/Gerber 文件"按钮，如图 10-10 所示。这里既可以选择上传 PCB 源文件，也可以选择 Gerber 文件。对于 STM32 核心板，建议上传 PCB 源文件。

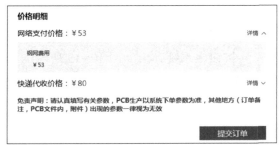

图 10-9　PCB 打样在线下单步骤 9

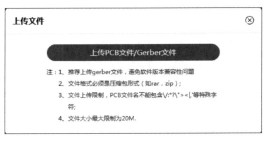

图 10-10　PCB 打样在线下单步骤 10

在路径"D：\STM32CoreBoard-V1.0.0-20171215\生产文件"下，选择"PCB 文件(STM32CoreBoard-V1.0.0-20171215).zip"压缩包，然后单击"打开"按钮，如图 10-11 所示。

图 10-11　PCB 打样在线下单步骤 11

文件上传完毕，系统会弹出如图 10-12 所示的界面，表示 PCB 打样在线下单成功。

图 10-12　PCB 打样在线下单成功

单击图 10-12 所示界面右侧的"返回订单列表"按钮，系统弹出如图 10-13 所示的订单列表，此时要等待嘉立创的工作人员审核（大概需要几十分钟）。

图 10-13　订单等待工作人员审核

审核通过后，图 10-13 中的灰色"确认"按钮会变成蓝色，单击蓝色的"确认"按钮进行付款即可。

嘉立创 PCB 打样在线下单流程会不断更新，本书作者也会持续更新 PCB 打样在线下单流程，并将下载链接发布在微信公众号"卓越工程师培养系列"上，读者可随时下载。

10.2　元器件在线购买流程

　　本节介绍如何在立创商城购买元器件。第 9 章介绍了如何输出 BOM。由于 BOM 中的"A. 元器件编号"与立创商城提供的物料编号一致，因此，读者可以直接在立创商城用元器件编号搜索对应的元器件。

　　这里解释一下为什么要采用立创商城提供的编号。众所周知，建立一套物料体系非常复杂，完整的物料体系应具备三个因素：（1）完善的物料库；（2）科学的元器件编号；（3）持续有效的管理。这三者缺一不可，因此，无论是个人还是院校，很难建立自己的物料体系，即使建立了，也很难有效地管理。随着电子商务的迅猛发展，立创商城让"拥有自己的物料体系"成为可能。因为，立创商城既有庞大且近乎完备的实体物料库，又对元器件进行了科学的分类和编号，更重要的是有专人对整个物料库进行细致高效的管理。直接采用立创商城提供的编号，可以有效地提高电路设计和制作的效率，而且设计者无须储备物料，可做到零库存，从而大幅降低开发成本。

编号	A.元器件编号	B.元器件名称
1	C14663	100nF（104）±10%　50V
2	C45783	22μF（226）±20%　25V
3	C1653	22pF（220）±5%　50V
4	C1634	10pF（100）±5%　50V
5	C14996	SS2100

　　图 10-14 所示是 STM32 核心板 BOM 的一部分，完整的 BOM 可参见表 4-2。

图 10-14　BOM 的元器件编号

　　下面以编号为 C14996 的二极管 SS210 为例，介绍如何在立创商城购买元器件。

　　首先，打开立创商城网站（http://www.szlcsc.com），在首页的搜索栏中输入元器件编号（C14996），单击"搜索"按钮，如图 10-15 所示。

图 10-15　根据元器件编号搜索元器件

　　在图 10-16 所示的搜索结果中，核对元器件的基本信息，如元器件名称、品牌、型号、封装/规格等，确认无误后，单击"我要买"按钮，加入购物车并结算，如图 10-17 所示。如果读者没有登录账号，单击"结算"按钮将进入"登录/注册"页面，如图 10-18 所示。后续流程包括完善收件人信息等，以及提交订单并支付，如图 10-19 所示。至此，整个订单已支付完成，等待接收包裹即可。需要注意的是，填写采购数量时要考虑损耗，建议采购比所需数量稍多一些；值得一提的是，立创商城的 4 小时闪电发货服务对读者是一个福音。

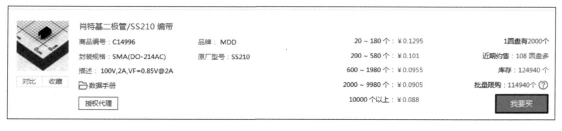

图 10-16　元器件搜索结果

图 10-17　元器件结算页面

图 10-18　"登录/注册"页面

图 10-19　支付完成页面

　　当某一编号的元器件显示缺货时，可以通过搜索该元器件的关键信息购买不同型号或品牌的相似元器件。例如，需要购买 100nF（104）±5% 50V 0603 电容，如果村田品牌的暂无库存，可以用风华的替代，如图 10-20 所示。注意，要确保容值、封装等参数相同，否则不可以相互替代。

图 10-20　可替代的不同品牌元器件

　　如果没有相似元器件可替代，也可以进入订货代购流程，如图 10-21 所示。库存不足时，加入购物车并下单后，立创商城可代为订货。如果没有找到所需要的元器件，还可以提交代购需求，将由立创商城采购后交付到客户手中，如图 10-22 所示。

　　立创商城元器件购买流程会不断更新，本书作者也会持续更新立创商城元器件购买流程，并将下载链接发布在微信公众号"卓越工程师培养系列"上，读者可随时下载。

图 10-21　元器件订货页面

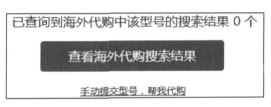

图 10-22　元器件代购页面

10.3　PCB 贴片在线下单流程

　　首先介绍什么是 SMT。SMT 是表面组装技术（Surface Mount Technology）的缩写，也称为表面贴装或表面安装技术，是目前电子组装行业里最流行的一种技术和工艺。它是一种将无引脚或短引线表面组装元器件安装在印制电路板的表面或其他基板的表面上，通过回流焊或浸焊等方法加以焊接组装的电路装连技术。

　　读者可能疑惑，作为电路设计人员，为什么还需要学习电路板的焊接和贴片？因为硬件电路设计人员在进行样板设计时，常常需要进行调试和验证，焊接技术作为基本技能是必须熟练掌握的。然而，为了更好地将重心放在电路的设计、调试和验证上，也可以将焊接工作交给贴片厂完成。

　　在普通贴片厂进行电路板的贴片加工，通常都需要开机费，一般从几百到几千不等。对于初学者而言，这也是一笔不小的费用，毕竟刚开始设计的电路不经过两到三次修改很难达到要求。本书选择嘉立创贴片的原因是没有开机费，也不需要开钢网，可大大节省开发费用，并提高效率。

　　在 10.1 节中，由于"SMT 贴片选项"选择的是"不需要"，因此，这里需要单击图 10-23 中的"改为需 SMT"按钮。PCB 订单会重新由嘉立创工作人员审核。如果原本已设置开钢网，则需要重新返回 PCB 在线下单。

图 10-23　改为需 SMT

如果在"SMT 贴片选项"中选择的是"需要"，当嘉立创工作人员审核完毕后，可直接单击"去下 SMT"按钮，如图 10-24 所示。

图 10-24　去下 SMT

需要注意的是，嘉立创贴片目前只能贴"立创可贴片元器件"，而直插元器件，如排针、座子等，需要读者自己焊接。

嘉立创可贴片元器件清单会不断更新，本书作者也会持续更新嘉立创可贴片元器件清单，读者可关注微信公众号"卓越工程师培养系列"，随时下载。

嘉立创可贴片元器件是经过严格筛选的，基本能够覆盖常用的元器件，因此，在进行电路设计时，尽可能选择嘉立创可贴片元器件，这样既能减少自己焊接的工作量，又能确保焊接的质量，大大提高电路设计和制作的效率。

在"填写订单 SMT 信息"中，需选择"贴片数量"，一般样板不需要全部贴片，建议选择 2 片即可，如图 10-25 所示。

图 10-25　选择贴片数量

接下来，系统会根据上传的是 PCB 源文件还是 Gerber 文件而显示不同的界面。

如果上传的是 PCB 源文件，系统会自动生成 BOM 和坐标文件，读者无须上传 BOM 和坐标文件，单击"下一步"按钮即可，如图 10-26 所示。

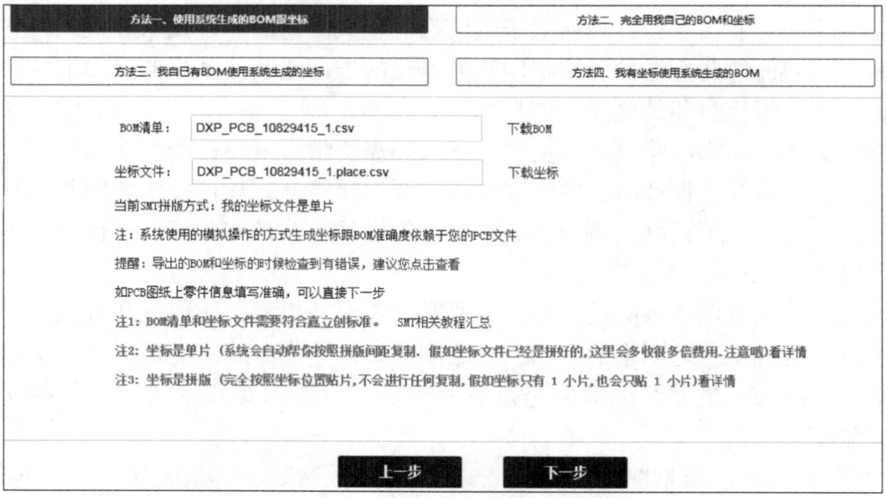

图 10-26　上传 PCB 源文件之 SMT 下单

如果上传的是 Gerber 文件，则需要上传 SMT 文件夹里的 BOM 和坐标文件，如图 10-27 所示。

图 10-27 上传 PCB Gerber 文件之 SMT 下单

系统会自动对上传的 BOM 进行匹配，然后列出"客户 BOM 清单"。如果发现上传的 BOM 不正确，可以重新上传，如图 10-28 所示，单击"变更 BOM 清单"按钮即可。如果上传的坐标文件不正确，也可以单击"变更坐标文件"按钮重新上传。

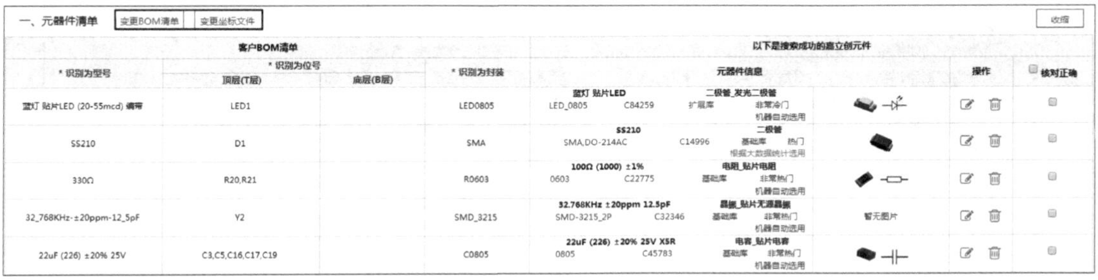

图 10-28 变更 BOM 或坐标文件

元器件清单中未搜索成功的元器件，一般都是直插元器件、立创非可贴片元器件或非立创元器件，如图 10-29 所示。这些元器件需要设计者自行购买，并手动焊接。

图 10-29 替换元器件

有些立创可贴片元器件未被搜索成功，或可将元器件替换为嘉立创已有元器件时，可以通过单击“选元器件”按钮替换。

核对每个元器件是否正确，核对无误后，在“核对正确”栏中打钩，如图 10-30 所示。

一、元器件清单 变更BOM清单 变更坐标文件 收缩

客户BOM清单				以下是搜索成功的嘉立创元件			
* 识别为型号	* 识别为位号 顶层(T层)	* 识别为位号 底层(B层)	* 识别为封装	元器件信息		操作	核对正确
蓝灯 贴片LED (20-55mcd) 编带	LED1		LED0805	蓝灯 贴片LED 二极管_发光二极管 LED_0805 C84259 扩展库 非常冷门 机器自动选用			☑
SS210	D1		SMA	SS210 二极管 SMA,DO-214AC C14996 基础库 热门 根据大数据统计选用			☑
330Ω	R20,R21		R0603	100Ω (1000) ±1% 电阻_贴片电阻 0603 C22775 基础库 非常热门 机器自动选用			☑
32_768KHz-±20ppm-12_5pF	Y2		SMD_3215	32.768KHz ±20ppm 12.5pF 晶振_贴片无源晶振 SMD-3215_2P C32346 基础库 非常热门 机器自动选用	暂无图片		☑
22uF (226) ±20% 25V	C3,C5,C16,C17,C19		C0805	22uF (226) ±20% 25V X5R 电容_贴片电容 0805 C45783 基础库 非常热门 机器自动选用			☑

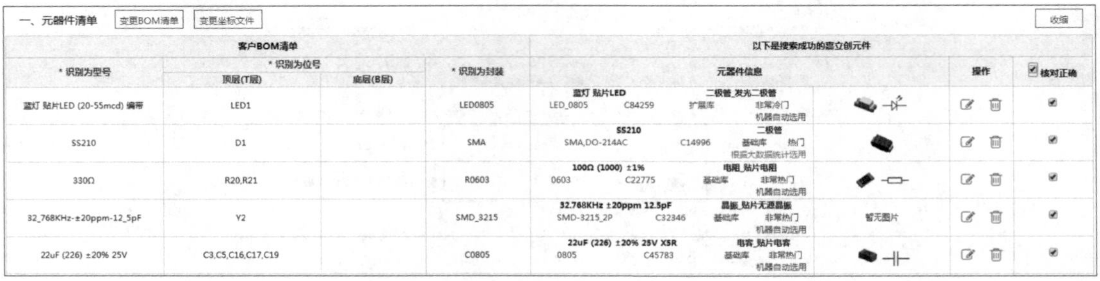

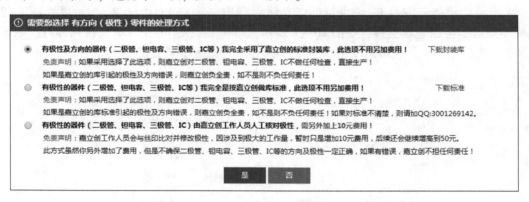

图 10-30　核对元器件

核对完成后，单击“下一步”按钮，在弹出的“需要您选择有方向（极性）零件的处理方式”对话框中，选择第一项，如图 10-31 所示。

图 10-31　SMT 注意事项之有极性元器件

最后，单击“确认下单”按钮就可以完成 SMT 下单，如图 10-32 所示。

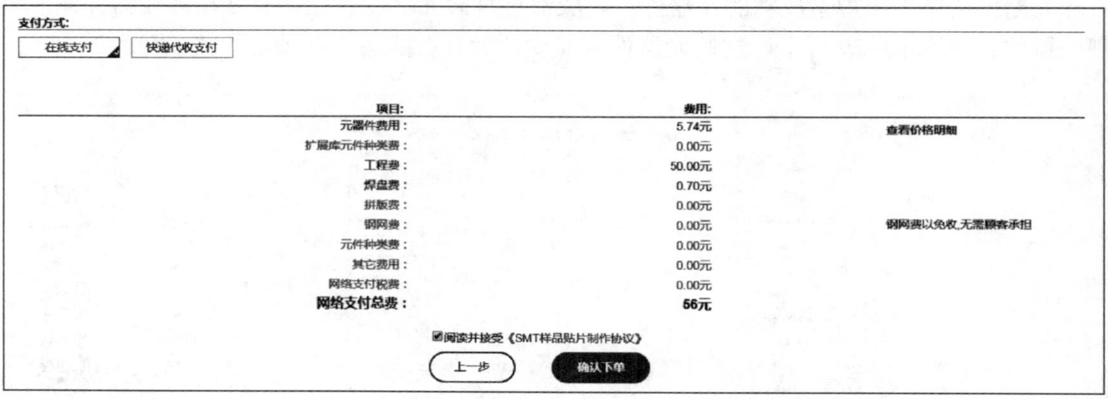

图 10-32　SMT 下单完成

10.4　嘉立创下单助手

下载嘉立创下单助手（http://download. sz-jlc. com/jlchelper/release/3. 2. 2/JLCPcAssit_setup_3. 2. 2. zip），选择默认安装，登录界面如图 10-33 所示。

图 10-33　嘉立创下单助手登录界面

需要先注册账户，如果已经注册，可直接登录。登录成功界面如图 10-34 所示。

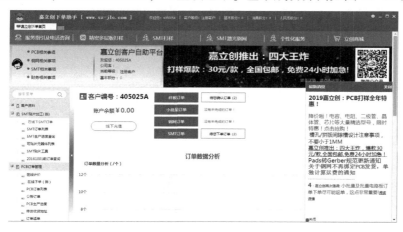

图 10-34　登录成功界面

在图 10-34 所示界面左侧单击"PCB 订单管理"按钮，然后单击"在线下单（新）"按钮进入下单系统，如图 10-35 所示。

打开如图 10-36 所示的界面，可以选择重新上传文件，也可以使用已上传的文件进行下单操作。

下单助手能够识别已上传的文件。如图 10-37 所示，下单助手正在识别 PCB 文件。

后续的下单流程与 10.1 节中介绍的流程相似，可参见 10.1 节完成具体操作。同样，使用嘉立创下单助手进行在线下单的流程会不断更新，读者可关注微信公众号"卓越工程师培养系列"，随时下载。

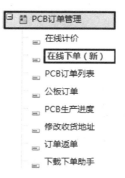

图 10-35　使用下单助手
在线下单步骤 1

图 10-36　使用下单助手在线下单步骤 2

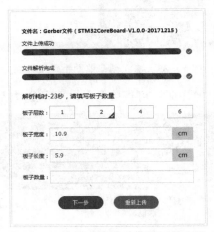

图 10-37　使用下单助手在线下单步骤 3

本章任务

完成本章的学习后，尝试在嘉立创网站完成 STM32 核心板的 PCB 打样下单和 SMT 下单，并尝试在立创商城采购 STM32 核心板无法进行贴片的元器件。建议 PCB 打样 5 块、贴片 2 块、元器件采购 3 套。

****

本章习题

1. 在网上查找 PCB 打样的流程，简述每个流程的工艺和注意事项。
2. 在网上查找电路板贴片的流程，简述每个流程的工艺和注意事项。

附录A STM32 核心板 PDF 版布原理图

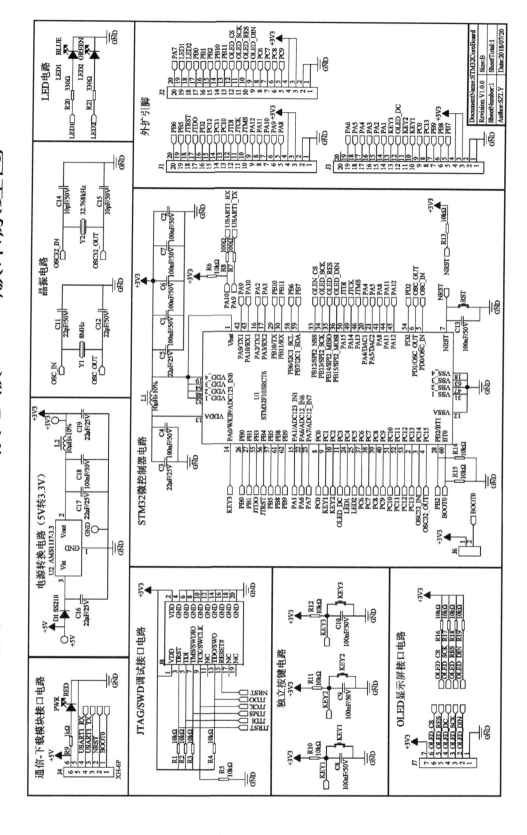

参 考 文 献

[1] 李增，林超文，蒋修国. Cadence 高速 PCB 设计实战攻略. 北京：电子工业出版社，2016.

[2] 李文庆. 一起来学 Cadence Allegro 高速 PCB 设计. 北京：北京航空航天大学出版社，2016.

[3] 周润景，张晨. Candence 高速电路板设计与实践（第二版）. 北京：电子工业出版社，2016.

[4] 李文庆. Cadence Allegro 16.6 实战教程. 北京：电子工业出版社，2015.

[5] 左昉，李刚. Cadence16.6 高速电路板设计与仿真. 北京：机械工业出版社，2016.

[6] 吴均，王辉，周佳永. Cadence 印刷电路板设计：Allegro PCB Editor 设计指南（第 2 版）. 北京：电子工业出版社，2015.

[7] 王超、胡仁喜等. Cadence 16.6 电路设计与仿真从入门到精通. 北京：人民邮电出版社，2016.

[8] 周润景，李琳. Cadence Concept-HDL&Allegro 原理图与电路板设计. 北京：电子工业出版社，2012.

反侵权盗版声明

电子工业出版社依法对本作品享有专有出版权。任何未经权利人书面许可，复制、销售或通过信息网络传播本作品的行为；歪曲、篡改、剽窃本作品的行为，均违反《中华人民共和国著作权法》，其行为人应承担相应的民事责任和行政责任，构成犯罪的，将被依法追究刑事责任。

为了维护市场秩序，保护权利人的合法权益，我社将依法查处和打击侵权盗版的单位和个人。欢迎社会各界人士积极举报侵权盗版行为，本社将奖励举报有功人员，并保证举报人的信息不被泄露。

举报电话：（010）88254396；88258888

传　　真：（010）88254397

E-mail：dbqq@ phei.com.cn

通信地址：北京市海淀区万寿路 173 信箱
　　　　　电子工业出版社总编办公室

邮　　编：100036